IHR BUCH

—

wird immer besser durch Ihre Arbeit

Herausgeber
Zukunftsinstitut GmbH
Kaiserstr. 53
60329 Frankfurt am Main
Deutschland

+49 (0)69 26 48 48 9-0
info@zukunftsinstitut.de
www.zukunftsinstitut.de

Autoren
David Mock
Mark Morrison
Verena Muntschick

Projektmanagement
David Mock
Mark Morrison

Grafikdesign
Ksenia Pogorelova
Yvonne Winnefeld

Covergestaltung
Yvonne Winnefeld

Lektorat
Franz Mayer

ISBN 978-3-945647-24-0

Inhalt

Ihre Toolbox

Wenn Sie nur ganz wenig Zeit haben, fangen Sie von hinten an.
S. 154 – Ihr Buch auf einen Blick

01

NEU EINSTEIGEN

—

Ihr Buch über Trends

→ Her mit neuem Denken
→ Weg mit den Scheuklappen
→ Mehr Raum für mehr Perspektiven

—

Mit einem neuen Blick auf die Welt die Welt neu denken: Von der Öffnung zur Orientierung zur Richtung

Vor dem Buch

—

Es ist Zeit für dieses Buch, wenn Sie im Unternehmen Orientierung suchen, Übersicht brauchen, vor wichtigen Entscheidungen stehen, neue Wege gehen möchten, mit Sorgen auf die Zukunft blicken oder wenn Sie das Unternehmen einfach noch besser machen wollen.

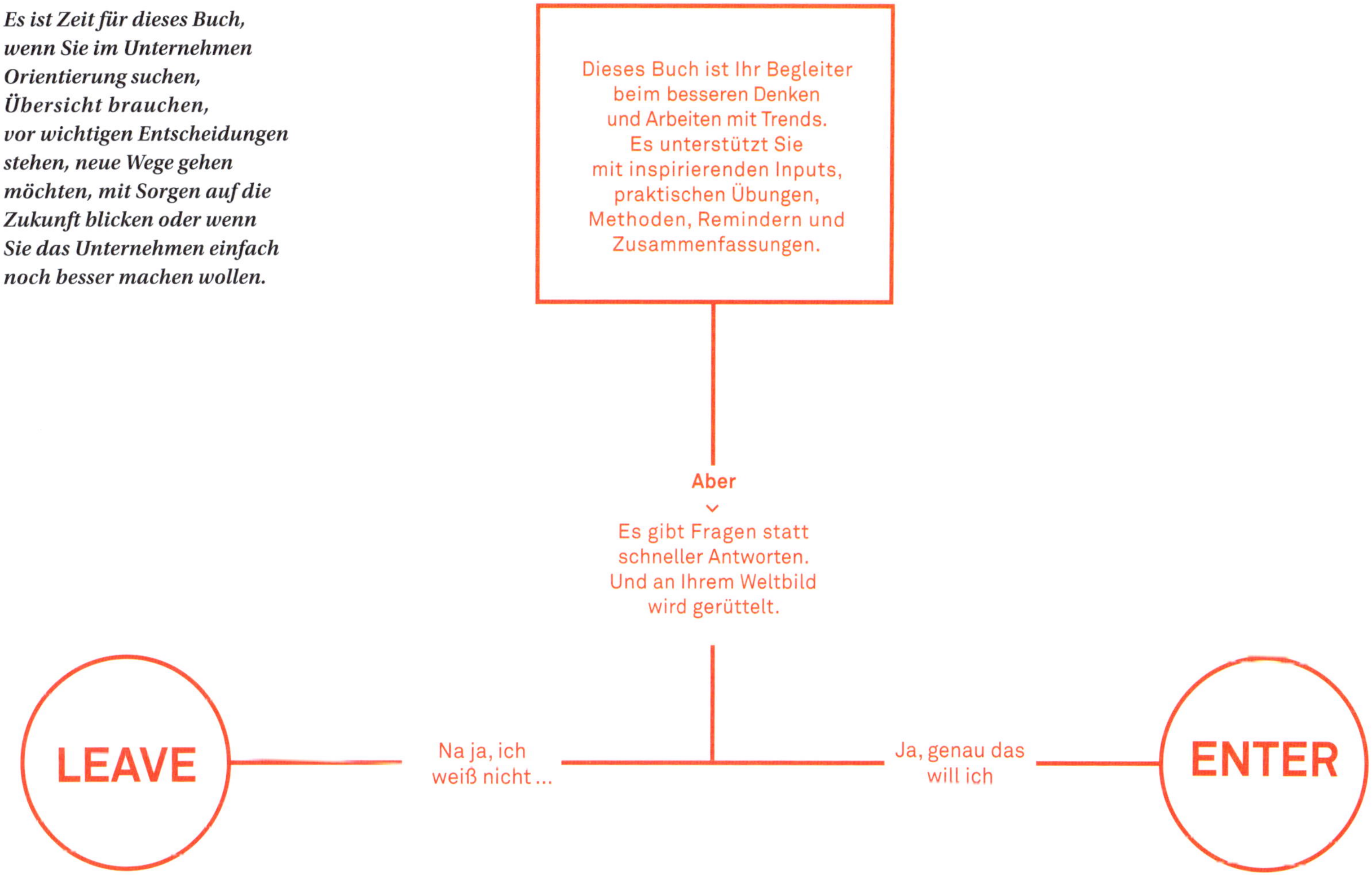

Bitte um Ihre Signatur

—

Denn das ist Ihr Buch.
Wenn Sie als Team arbeiten,
gibt es mehrere Autoren
und mehrere Signaturen.

Der Autor/ die Autoren ______________________________

Gewidmet der Zukunft von ______________________________

(Unternehmensname)

Ohne Ihre Arbeit ist dieses Buch nur ein Bündel
aus Seiten, Bildern und Buchstaben.
Sie machen es zum ganz persönlichen Unikat.

Erst Ihre Erkenntnisse ebnen den Weg –
vom **Berichten** zum **Bewirken**.

Ihre Begleiter durch das Buch

David Mock
Fokus – Strategie

David Mock ist beim Zukunftsinstitut strategischer Berater und Autor. Davor war er als Consultant und als Leiter des Trend-Teams für den Vorstand eines international agierenden Großkonzerns tätig. Er hat 20 Jahre Erfahrung in der Arbeit mit Top-Entscheidern in Wirtschaft und öffentlichem Sektor. Sein Schwerpunkt: Die Analyse von Trends und ihre Transformation in Strategien für Unternehmen.

Mark Morrison
Fokus – Beratung

Mark Morrison arbeitet beim Zukunftsinstitut im Bereich der strategischen Beratung und des Projektmanagements. Gespür für Trends und analytische Begabung führte ihn über die beraterische Tätigkeit für international agierende Kunden in Werbeagenturen zur Trend- und Zukunftsforschung. Sein Fokus: Analyse von Trends und ihre Übersetzung in Zukunftschancen für Unternehmen.

Verena Muntschick
Fokus – Research

Verena Muntschick ist beim Zukunftsinstitut als Autorin und Researcherin tätig. In Zusammenarbeit mit Kunden entwickelt sie Auftragsprojekte und betreut Publikationen sowie die digitalen Inhalte des Zukunftsinstituts. Als interdisziplinäre Researcherin hat sie ein präzises Auge für gesellschaftliche Veränderungen und deren Übersetzung in Beratungsprozesse.

Ksenia Pogorelova
Fokus – Informationsdesign

Die Diplom-Journalistin und Informationsdesignerin ist beim Zukunftsinstitut verantwortlich für Infografik und visuelle Gestaltung. In Zusammenarbeit mit Autoren und Kunden entwickelt sie Modelle und Methoden der Trendforschung graphisch weiter. Der Schwerpunkt ihrer Arbeit liegt darin, in der Datenflut Geschichten zu erkennen und sie visuell zu erzählen.

Yvonne Winnefeld
Fokus – Visuelle Konzepte

Yvonne Winnefeld ist als diplomierte Kommunikationsdesignerin für die medienübergreifende Gestaltung von Text, Idee und Information tätig. Bevor sie 2015 nach Deutschland zurückkehrte, arbeitete sie in Lissabon und New York freischaffend. Sie bringt ihre Erfahrung in den Bereichen Visual Storytelling und wertorientierte Konzepte ein.

Mit dem Buch und nach dem Buch

Dieses Buch bietet neue Denk-Zugänge und eine Grundlage für bessere Entscheidungen:

→ **Denk- & Wahrnehmungs-Training**
Erhöhen Sie Ihr Zukunftspotenzial mit einem auf Perspektivwechsel trainierten Mindset. Wer Trends wahrnehmen und verstehen kann, kann sich besser orientieren, den Wandel in einer Gesellschaft antizipieren und ist damit immer einen Schritt voraus.

→ **Verortungs-Methoden für Ihr Unternehmen**
Wissen, wo Sie stehen – um zu verstehen, warum, wie und wo Trends auf Sie wirken.

→ **Selektieren von Trends und richtiges Arbeiten mit Trends**
Relevanz beurteilen, Ideen ableiten, besser entscheiden.

Was Sie von Ihrem Buch haben, wenn Sie es durchgearbeitet haben:

→ Sie bekommen einen Überblick über Trends und ihre Wirkung

→ Sie entwickeln ein Gespür für Signale aus der Trendlandschaft

→ Sie entdecken die blinden Flecken und öffnen den Raum der neuen Möglichkeiten in Ihrem Blick auf die Zukunft

→ Sie haben das nötige Mindset für die Arbeit an Ihrer Zukunft – neues Denken führt zu besseren Entscheidungen

Um das alles nicht mit der letzten Seite des Buches wieder zu vergessen, nehmen Sie sich das Buch am Ende noch einmal von vorne zur Hand, reflektieren Sie es – es wird mit jedem Mal besser.

Sie können das Buch auch im Team bearbeiten, Sie können es zum Gegenstand von Workshops machen, diskutieren Sie es mit anderen Entwicklern und Entscheidern. Es ist ein Multifunktions-Tool für das Navigieren mit Trends.

—

Folgende Mind-Steps brauchen Sie
als Unternehmen, um zukunftsfähig zu bleiben.
Ihr Buch hilft Ihnen,
die folgenden Schritte zu durchlaufen:

1. Öffnung
> Denk- und Wahrnehmungstraining

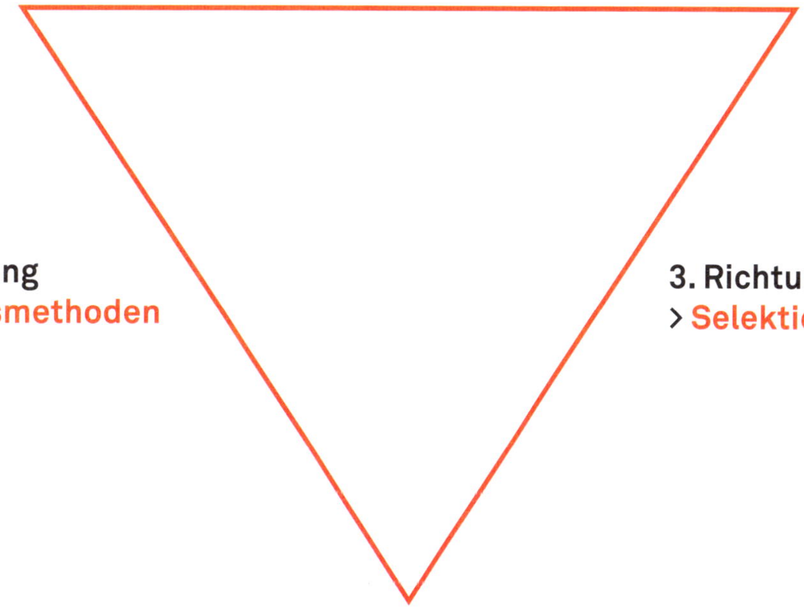

2. Orientierung
> Verortungsmethoden

3. Richtung
> Selektieren von Trends

ergibt

Future Fitness eines Unternehmens

Vor dem Handeln

—

kommt das Denken.

...jede große Idee beginnt mit einem weißen Blatt Papier. Und mit Denken ohne Lärm. So haben Mozart, Einstein und Janis Joplin angefangen.

Machen Sie es genauso...

**Um sich mit Zukunft zu beschäftigen, gilt es, das Denken und das Wahrnehmen in einen sehr konzentrierten Zustand zu bringen.
Das gelingt am besten, indem man dieser Konzentration den nötigen Raum gibt – sowohl physisch als auch zeitlich.
Indem man sich thematisch „auf etwas" konzentriert – wie z.B. „Innovation".
So entsteht eine Ausdehnung der Wahrnehmung, und nur so können regelrechte Erkenntnissprünge entstehen.**

JETZT UND IN ZUKUNFT

—

Nehmen Sie sich bewusst einen Moment Zeit und notieren Sie dann

1. *was Ihr Unternehmen derzeit am meisten beschäftigt*
2. *was Ihr Unternehmen in 5 bis 10 Jahren am meisten beschäftigen wird*

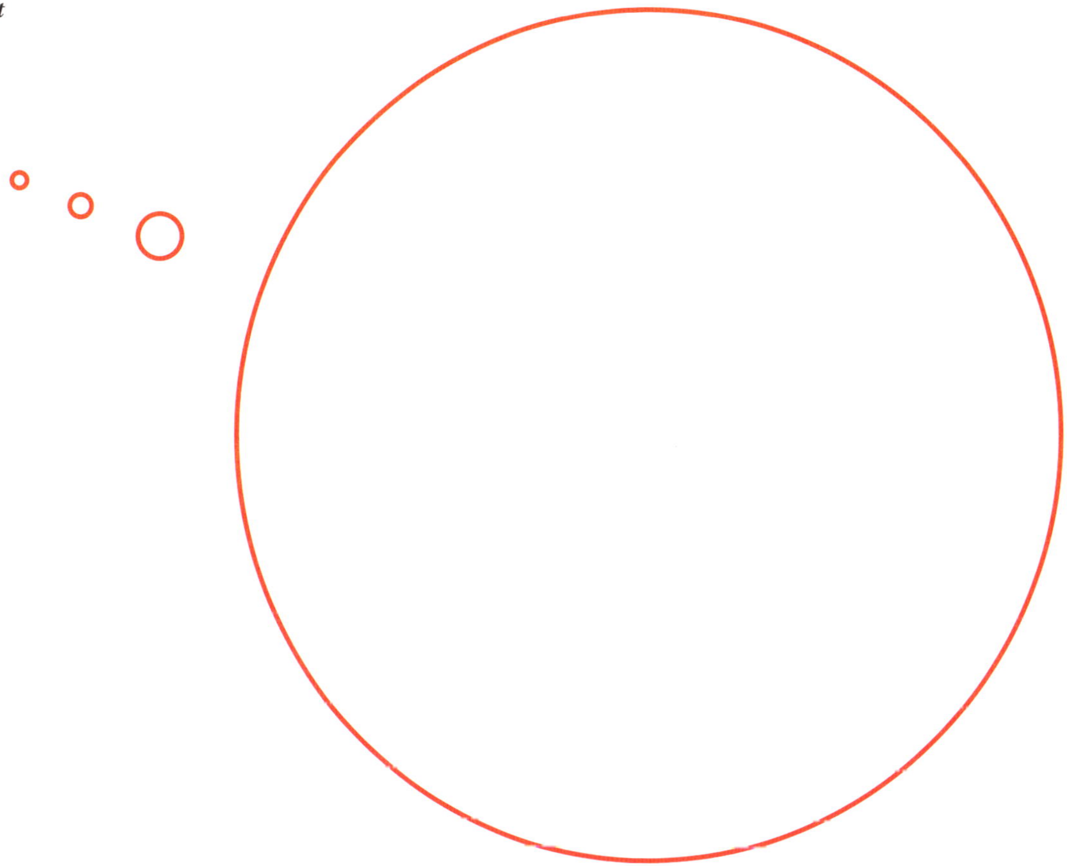

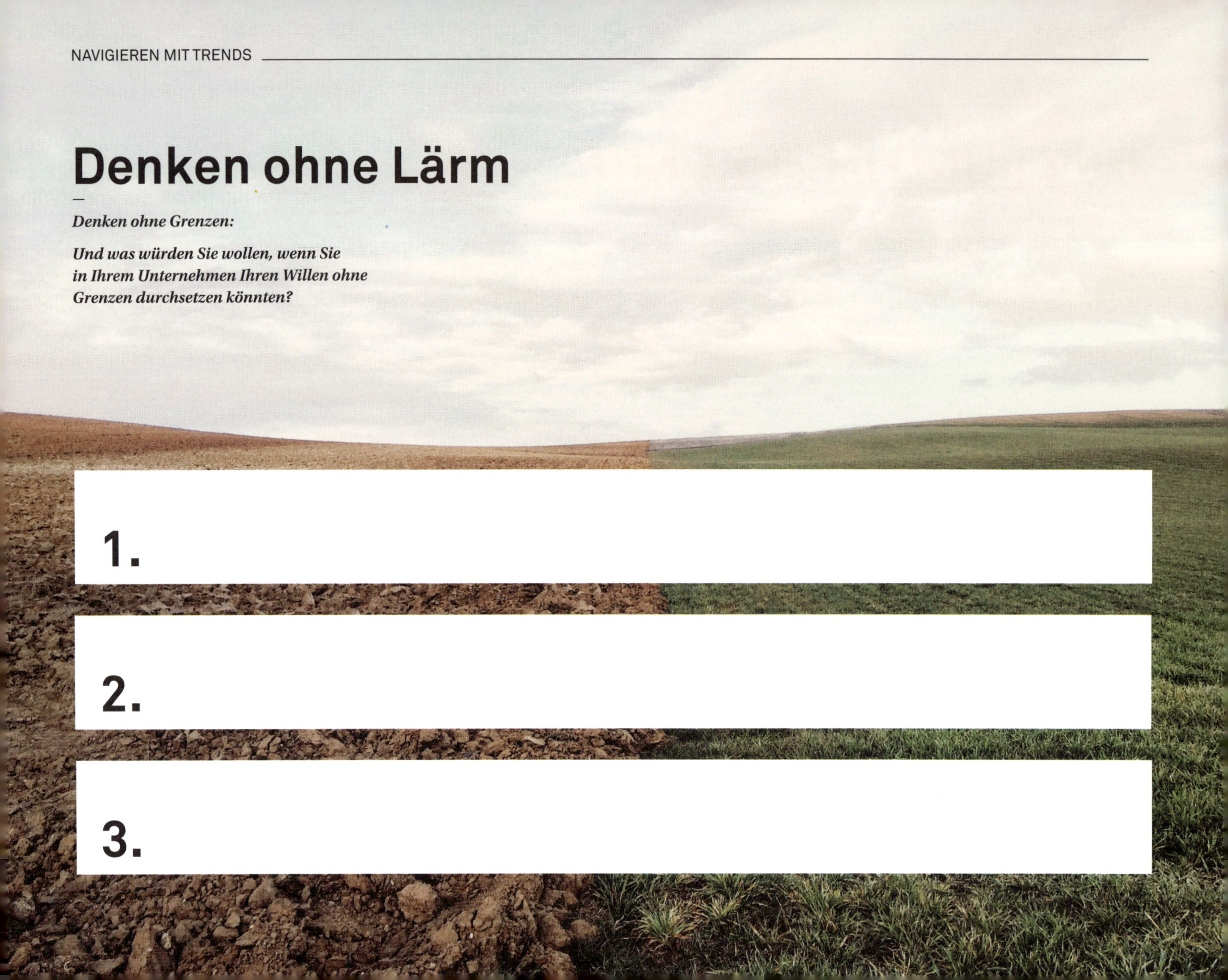

Denken ohne Lärm

—

Denken ohne Grenzen:

Und was würden Sie wollen, wenn Sie in Ihrem Unternehmen Ihren Willen ohne Grenzen durchsetzen könnten?

1.

2.

3.

Was leisten Trends?

Unternehmen brauchen Orientierungsinstrumente für ihre Entscheidungen, mit denen die Zukunfts-Haltung eines Unternehmens sichtbar wird. Solche Instrumente sind Trends. Mit Trends kann man Zukunft reflektieren, fühlen und begreifen. Das wird immer bedeutender in einer Welt, die so kleinteilig vermessen ist wie heute.

Ein Beispiel: Je detaillierter Sie Ihre Kunden betrachten – vom Milieu zum Kundensegment, zum Customer, zum Shopper, zum situativen Shopper... –, desto mehr Zahlen und Daten werden Sie haben, aber desto weniger werden Sie am Ende über den Menschen und seine wahren Bedürfnisse wissen. Man ist dann im Kleinen klar, aber im Großen blind. Zahlen und Daten nützen für das Detail, ein Blick über den Tellerrand auf die größeren Kontexte fällt damit jedoch schwer. Trendbegriffe helfen, vom „Zählen der Erbsen" zum „Erzählen der Geschichten" zu gelangen.

Wer von der Trend-Arbeit wirklich ein Mehr an Orien-tierung haben will, muss wissen, was genau Trends an **Mehrwert** bieten, welchen **Mindset** die Arbeit voraussetzt, wo genau an **Stellschrauben** im Unternehmen gedreht werden muss und wie man die relevanten Trends sinnvoll **selektiert**.

Mit Trends erzählen

Mit Trends arbeiten bedeutet, sich mit der **Komplexität** der Gegenwart zu beschäftigen. **Trends sind Gesellschafts-Analysen** und keine Marketing-Produkte. Sie deuten Wandlungsphänomene der Gesellschaft und beschreiben wiederkehrende Muster. Dahinter steht nicht immer gleich ein Markt. Trends können auch nicht die Zukunft als Ganzes voraussagen. Trends eröffnen **Möglichkeits- und Gestaltungsräume,** zeigen **Wahrscheinlichkeiten** und **Handungsoptionen** auf.

Trends dienen also vor allem dazu, vorbereitet zu sein, die Zukunft zu **antizipieren** und nicht im bloßen Reagieren zu verharren.

Trends folgt man nicht einfach, sondern man muss sie in ihren Zusammenhängen **verstehen** und die Veränderungen in Erkenntnisse umsetzen. Trends bieten **Erzählungen und Kontextbilder** für Ideen von der Zukunft. Es gibt keine Anweisungen, nur Hinweise. Unternehmen müssen sich also bemühen, die Erzählung der Trends zu erfassen, um einen Schritt voraus zu sein.

Trends helfen Unternehmen auch, sich als Organisation im Spiegel der Wandlungsphänomene selbst zu verstehen. Sie helfen, sich „neu auszurichten" oder sich „vorzubereiten" auf etwas, das „kommen kann". Sie bewirken Innovation, einen Erkenntnisvorsprung oder auch Sicherheit und Bestätigung. Trends ebnen den Weg, die Welt „neu denken" zu können. Die Beschäftigung mit Trends hilft, die inneren Landkarten entweder zu ergänzen, zu verändern, zu erweitern – oder gar über Bord zu werfen.

Die messbare Seite der Welt ist nicht die Welt; sie ist die messbare Seite der Welt.
Martin Seel, deutscher Philosoph

WIE SEHEN SIE DIE ZUKUNFT?

—

Unsere Zukunftswahrnehmung ist immer sehr persönlich gefärbt. Was sind Ihre eigenen drei zentralen Grundannahmen (Trendannahmen) über die Zukunft? Behalten Sie diese im Kopf und arbeiten Sie sich durch das Buch.

Vorsicht Falle: Linearitis – Techno – Extrem
Die drei großen Missverständnisse über die Zukunft

1. Zukunft verläuft linear – als Fortschreibung der Vergangenheit
2. Es geht nur um Technologie – technologischer Fortschritt als Allheilmittel
3. Es sind immer Extremszenarios – entweder negativ als zerstörte Welt und totale Verknappung oder kitschig als Techno-Disneyland.

Aber da sind Sie nicht reingetappt. Oder doch?

1.

2.

3.

Orientierungsmodell Megatrends: Der große Horizont

Gesellschaftliche Veränderungen werden beim generellen Blick in die Zukunft oft ausgeblendet. Bestes Beispiel: Alle reden über Digitalisierung, aber nicht über die Grundlage dafür: eine konnektive Gesellschaft. Unser Megatrend-System hilft, den Blick immer wieder zurück auf den Gesellschaftswandel zu richten und auf das, was die Menschen – unseren Forschungen nach – auch in der Zukunft anhaltend beschäftigen wird.

Wie funktioniert das Megatrend-System?

Megatrends muss man nicht „voraussagen", denn sie sind schon da und markieren Veränderungen, die uns schon lange prägen und noch lange prägen werden. Megatrends sind die Tiefenströmungen des Wandels. Sie fungieren als „Drifts" in komplexen Gesellschaften und arbeitsteiligen Ökonomien, sie durchdringen alle Ebenen der Gesellschaft, sie wirken in Wirtschaft und Politik ebenso wie in Wissenschaft, Technik und Kultur. Sie haben kein Ergebnis, aber sie geben eine Richtung vor.

Wichtig ist: Megatrends stellen Wahrscheinlichkeiten und Plausibilitäten dar, sagen aber nicht das Endresultat der Welt im Jahr 2050 voraus. Das Leben ist organisierte Unberechenbarkeit und die Zukunft ein offener Prozess. Die epochalen Megatrends spielen bei diesem Prozess die Rolle der Treiber, die punktförmigen Trends sind die „Zeiger" die Avantgarde des Neuen.

GESUNDHEIT
SPORTIVITY
DETOXING
KOMPLEMENTÄR-MEDIZIN
LEBENSQUALITÄT
INDIVIDUALISIERUNG
SINGLE-GESELLSCHAFT
SILVER SOCIETY
DOWNAGING
AGELESS CONSUMING
FOREVER YOUNGSTERS
SICHERHEIT
SUPER-SAFE-SOCIETY
TRUST TECHNOLOGY
TRANSPARENZ-MÄRKTE
NEO-ÖKOLOGIE
NACHHALTIGKEITS-GESELLSCHAFT
POST-CARBON-GESELLSCHAFT
BIO-BOOM
GUTBÜRGER
GENDER SHIFT
SUPERDADDYS
ALPHA-SOFTIES
SEX-DESIGN
PROLL-PROFESSIONALS
WORK-LIFE-BLENDING
SILVER SOCIETY
UNIVERSAL DESIGN
GESUNDHEIT
ACHTSAMKEIT
LEBENS-ENERGIE
FOODIES
HEALTHNESS
NEW WORK
WORK-DESIGN
OUTSOURCING-GESELLSCHAFT
START-UP-CULTURE
SLASH-SLASH-BIOGRAFIEN
PERMANENT BETA
SILVER POTENTIALS
CORPORATE HEALTH
SELF-TRACKING
E-HEALTH
AMBIENT-ASSISTED-LIVING
SLOW CULTURE
GAMIFICATION
PREDICTIVE ANALYTICS
DIGITAL REPUTATION
IDENTITÄTS-MANAGEMENT
ME-CLOUD
SMALL-WORLD-NETWORKS
MAKER-MOVEMENT
DIVERSITY
LIQUID YOUTH
WISSENSKULTUR
NEUGIER-MANAGEMENT
MULTIGRAFIE
MASSIVE OPEN ONLINE COURSE
PRIVACY
TALENTISMUS
KOLLABORATION
SHARING ECONOMY
FEMALE SHIFT
LIFELONG LEARNING
TUTORIAL LEARNING
CREATIVITEENS
BILDUNGSBUSINESS
MULTIPOLARE WELTORDNUNG
CYBERCRIME
OPEN INNOVATION
SOCIAL BUSINESS
WOMANOMICS
GENDER SHIFT
INFORMATION DESIGN
GLOKALISIERUNG
BIG DATA
ON-DEMAND BUSINESS
POSTWACHSTUMS-ÖKONOMIE
PHASEN-FAMILIEN
OPEN SCIENCE
INDUSTRIE 4.0
POP-UP-MONEY
FAIR TRADE
TIGER-WOMEN
REGENBOGEN-FAMILIEN
NEUE MÜTTER
WISSENSKULTUR
GLOBALISIERUNG
NEARSHORING
SCHATTEN-ÖKONOMIE
SERVICE-ÖKONOMIE
CO-WORKING
SWAPPING
FLEXICURITY
FINTECH
SMART DEVICES
SOCIAL NETWORKS
RISING AFRICA
WIR-KULTUR
ANTIFRAGILITÄT
ZERO WASTE
INTERNET DER DINGE
KONNEKTIVITÄT
WELTMACHT CHINA
INDIVIDUALISIERUNG
MOBILITÄT
CROWDFUNDING
SICHERHEIT
24/7-GESELLSCHAFT
SIMPLEXITY
GREEN TECH
MEGACITYS
GLOBAL CITYS
SMART CITYS
CARSHARING
LANDFLUCHT
SCHRUMPFENDE STÄDTE
URBANISIERUNG
E-COMMERCE
AUTONOMES FAHREN
URBAN MANUFACTURING
URBAN MINING
URBAN FARMING
KONNEKTIVITÄT
MIGRATION
REAL DIGITAL
AUGMENTED REALITY
THIRD PLACES
POWER OF PLACE
E-MOBILITY
BIKE-BOOM
GLOBALISIERUNG
WEARABLES
LANGSAM-VERKEHR
BEVÖLKERUNGS-WACHSTUM
KREATIV-ÖKONOMIE
CIRCULAR ECONOMY
MOBILITÄT
URBANISIERUNG
COLLABORATIVE LIVING
NEW WORK
NEO-ÖKOLOGIE
UNTERWEGS-MÄRKTE
MOBILE COMMERCE
MIXED MOBILITY
END-TO-END TOURISMUS

Die Megatrends im Einzelnen

—
Wie man Megatrends erkennt und definiert – die Kriterien:

<u>Dauer</u>
Megatrends sind Entwicklungskonstanten der globalen Gesellschaft und wirken über mehrere Jahrzehnte

<u>Ubiquität</u>
Megatrends zeigen Auswirkungen in allen Lebensbereichen

<u>Globalität</u>
Megatrends sind globale Phänomene, aber nicht überall gleich stark ausgeprägt

<u>Komplexität</u>
Megatrends sind mehrschichtig und mehrdimensional

Individualisierung
Die neue Individualitität etabliert eine Kultur der Wahl. Individualismus hat viele Spielarten: Er kann rebellisch, hedonistisch, extremistisch, sensibel oder empfindsam sein. In Zukunft ist Individualität nicht egoistisch, sondern immer mehr achtsam. Der Megatrend entwickelt sich weiter – Individualisten suchen die Gemeinschaft und schaffen sich eine neue Wir-Kultur. Das entwickelte Ich und das neue Wir sind in Zukunft zwei Seiten derselben Medaille.

Silver Society
Der Megatrend Silver Society wirkt weltweit und gesellschaftsübergreifend, die Gesellschaft wird älter und die Älteren werden mehr – soweit die Fakten. Die gestiegene Lebenserwartung aber verschiebt die Gewichte – das gefühlte Alter wird bedeutsamer. Neue Lebensstile formen ein buntes Bild des Alterns und die Grenzen zwischen den Generationen verschwimmen. Neue Lebenswelten entstehen, in denen für viele das Alter nicht das Ende, sondern erst der Anfang ist. Ein neues kulturelles Mindset bereitet den Weg für eine Gesellschaft, die gerade durch ein neues Alter vitaler wird.

Gender Shift
Das biologische Geschlecht verliert als soziale Rolle an gesellschaftlicher Verbindlichkeit. Dieser Megatrend hat weitreichende Folgen in Wirtschaft und Gesellschaft – und ermöglicht es immer mehr Individuen, auf ihre eigene Art und Weise glücklich zu werden. Die Geschlechterbilder fusionieren, alte Rollenbilder und Karrieremodelle lösen sich endgültig auf, die Gesellschaft wird dadurch kulturell anders gepolt und geprägt. Das innere Retro gehört zum Trend – als prollig-grelles Remake der alten Klischeebilder von Mann und Frau.

Wissenskultur
Der Megatrend erreicht eine neue Dimension – aus neuem Lernen wird das Prinzip der Wissenskultur. Im Umbruch von der Industrie- zur Wissensgesellschaft wird Bildung zu einer Kulturfrage, die die ganze Gesellschaft betrifft. Am Megatrend Wissenskultur entscheidet sich die Zukunftsfähigkeit von Individuen, Unternehmen und ganzen Volkswirtschaften. Wissen bleibt Macht, aber in Zukunft können immer mehr Menschen Zugang zu dieser Macht haben. Digitalisierung von Wissen und Bildung ist der größte Treiber dafür. Lernende Unternehmen werden im Wettbewerb gewinnen.

New Work
Umbrüche in der Gesellschaft und disruptive Prozesse in der Wirtschaft verändern die Arbeitswelt fundamental, sie bestimmen den Megatrend New Work. Die neue Kultur des Arbeitens schafft die Gegenthese zum Drohbild der totalen digitalen Automatisierung: Technologie ist wichtig, aber nicht dominant. Menschen werden die Arbeitswelt der Zukunft prägen, nicht Maschinen. Das Talent gibt den Grundton an, die Wirtschaft als „closed shop“ hat ausgedient. Die beste Chance für den Erfolg haben Unternehmen, die sich als offene Plattform und Labor der besten Ideen verstehen.

Neo-Ökologie
Bio wird eingehend auf Qualität geprüft, die Ernährung wird flexibel bis fleischlos, die industriellen Systeme müssen sich umstellen – abfallfrei wirtschaften und die Rohstoffe im Kreislauf halten. Denn eine Konsumkultur ist im Kommen, die vom Megatrend Neo-Ökologie geprägt ist. Man will nicht mehr nur kaufen, sondern den Konsum stärker im Sinn der Umwelt steuern. Neue Technologien schaffen neue Alternativen zur alten Wegwerfgesellschaft.

Gesundheit
Gesundheit ist nicht mehr nur erstrebenswerter Zustand, sondern Lebensziel und Lebenssinn. Der Megatrend verknüpft psychische und physische Dimension immer enger, Gesundheit und Zufriedenheit verschmelzen. Die Menschen übernehmen mehr Verantwortung für ihre Gesundheit, wissen mehr Bescheid und treten auch dem Gesundheitssystem selbstbewusst gegenüber. Detoxing, Bewegung und Selftracking sind integrale Bestandteile der Gesundheit als kulturelle Dimension des modernen Lebens.

Konnektivität
Das Leben wird total vernetzt. Moderne Kommunikationstechnologien mit dem Internet im Zentrum geben dem Megatrend Konnektivität eine unbändige Kraft. Kein Megatrend kann mehr verändern, zerstören und neu schaffen. Kein Megatrend löst mehr Disruption aus. Durch seinen Einfluss entstehen neue Formen der Gemeinschaft, des Zusammenarbeitens, Wirtschaftens und Arbeitens. Aber es gibt auch Gegenbewegungen – eine neue Achtsamkeit im Umgang mit den Möglichkeiten von Konnektivität entsteht.

Globalisierung
Wenn man die Fakten betrachtet, ist Globalisierung mehr Frohbotschaft als Drohbotschaft – die Welt, die immer mehr zusammenrückt, wird besser. Das Internet als weltumspannendes Medium fördert eine globale Kultur im virtuellen Raum. Wenn die Megatrends Konnektivität und Globalisierung zusammentreffen, entsteht Reibung und Disruption. Global agierende Plattform-Konzerne werden ohne eigene Infrastruktur zu neuen wirtschaftlichen Großmächten und krempeln ganze Branchen um. Der innere Gegentrend im Megatrend: Die Wiederkehr des Lokalen und Ursprünglichen im neuen Kleid.

Mobilität
Die globale Gesellschaft ist unterwegs, mit Menschen und Daten – der Megatrend Mobilität treibt sie an. Ort verlieren ihre bindende Kraft, mobil sein wird zur kulturellen Pflicht. Verkehrsstationen werden zu Arbeits- und Lebensräumen, die Fixpunkte bilden im fließenden mobilen Lifestyle. Das Auto büßt seine dominante Stellung ein und wird zum autonomen Daten-Fahrzeug weiterentwickelt. Das Zusammentreffen von gesellschaftlicher Veränderung und neuen technologischen Möglichkeiten entwickelt gerade in der Mobilitätsbranche große Kraft.

Urbanisierung
Der Megatrend Urbanisierung ist stark wie nie: Die immer größeren Megacitys außerhalb Europas bekommen die wirtschaftliche Kraft ganzer Volkswirtschaften. Die Grenzen zwischen Stadt und Land sind fließend – in riesigen urbanen Flächenräumen genauso wie in dicht besiedelten Städten, die durch Urban Farming essbar gemacht werden. Städte stehen im internationalen Wettbewerb um neue Industrien und talentierte, mobile Menschen. Einerseits wachsen neue urbane Konglomerate, andererseits besinnen sich alte, gewachsene Städte auf ihren Vorteil: kulturelle Stärke und Lebensqualität.

Sicherheit
Was mit "Cyber" beginnt, verändert den Begriff von Sicherheit – das macht den neuen Megatrend Sicherheit aus. Instanzen können keine Sicherheit mehr versprechen. Menschen sind Sicherheitsfaktoren, nicht Risikoträger. Unternehmen übernehmen mehr Verantwortung für ihre Sicherheit, der Staat nimmt sich zurück. Die neue Sicherheitskultur ist agil, beweglich und flexibel. Sie muss schnell Antworten geben auf die neuen Herausforderungen in der Welt der Cyber-(In)Security.

IHRE MEGATRENDS

—

Notieren Sie die aus Ihrer jetzigen Sicht drei wichtigsten Megatrends mit dem größten Impact auf Ihr Unternehmen.

NEUE BEDÜRFNISSE

—

Überlegen Sie dann, welche neuen Bedürfnisse bei den Menschen im Kontext dieser Megatrends entstehen.

Welche Bedürfnisse adressiert Ihr Unternehmen bereits heute und welche – im Sinne von Potenzialen – noch nicht?

Megatrends		Neue Bedürfnisse		bereits addressierte Bedürfnisse		Potenziale
	>	______	>	______	>	______
	>	______	>	______	>	______
	>	______	>	______	>	______

QUINTESSENZ

Die entscheidenden Schritte zum richtigen Arbeiten mit Trends:

→ Denken und Wahrnehmen

→ Verorten und Verstehen

→ Selektieren und Anwenden

Arbeiten mit Trends bedeutet nicht, eine exakte Vorhersage zu bekommen und der zu folgen. Es geht darum, die beschriebenen Veränderungen in der Gesellschaft zu verstehen, Zusammenhänge und Wirkungsweisen zu erkennen. Damit können Sie Ihren Handlungsspielraum neu ausloten.

Ihre Gedanken:

Ihre Gedanken:

Die drei wichtigsten Erkenntnisse:

→ Trends sind Gesellschafts-analysen und dienen als nützliche Orientierungsinstrumente.

→ Zukunft ist nicht linear, sondern ein offener Möglichkeits- und Gestaltungsraum.

→ Das große Verortungsmodell: die Megatrends. Kehren Sie bei Ihren Überlegungen immer wieder dorthin zurück.

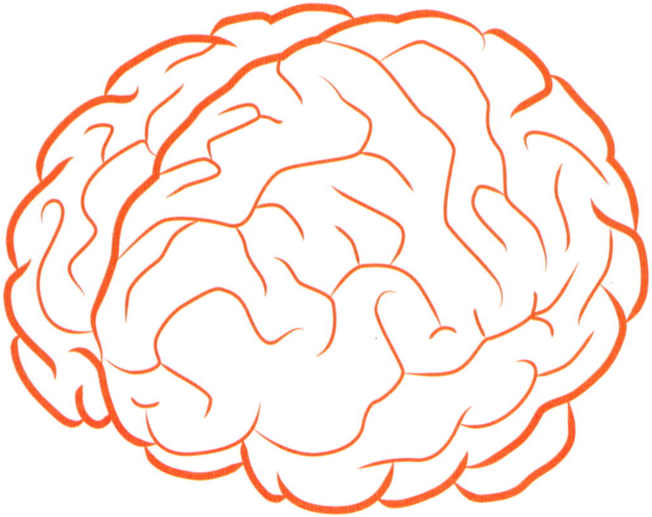

02

NEU DENKEN

—

Ihr Future Mindset

Warum Sie dieses Kapitel brauchen

Die Fähigkeit zum Perspektivwechsel erhöht Ihr Zukunftspotenzial und macht Sie zum Vordenker.

Denn was Sie als als Teil Ihres Unternehmens wahrnehmen, hängt sehr von Ihren persönlichen Glaubenssätzen und Ihrer Prägung durch das Unternehmen ab. Das verzerrt Ihren vermeintlich „neutralen, objektiven" Blick auf Ihre Kunden und deren Wünsche und Bedürfnisse. Wenn Sie sich von Ihrer eigenen Perspektive lösen können, haben Sie die Chance, mehr von der Welt wahrzunehmen und mehr Handlungsoptionen und Entwicklungsräume für Ihr Unternehmen zu sehen.

Kurzum: Hier geht es um die Grundlagen, um Trends besser zu sehen. Und zwar, indem man sich über die eigene Welt-Wahrnehmung bewusst wird und erkennt, welche gesellschaftlichen Entwicklungen man überhaupt wahrnehmen kann und für welche der eigene Blick verstellt ist. Und dann zu erkennen, wo im Unternehmen diese Trends schon angekommen sind, sich bereits einnisten. Erst dann entsteht eine konstruktive Au seinandersetzung, erst dann können Veränderungen auch verarbeitet werden.

Das erfahren Sie hier:

→ Wie Sie Ihre Perspektive wechseln

→ Wie Sie Ihr Denken öffnen

→ Wie Sie Ihre Wahrnehmung schärfen

→ Wie Sie Ihre Alternativen sehen und finden

DENKHÜRDEN ÜBERWINDEN

—

Haben Sie in Ihrem Unternehmen Denkhürden erfahren, und wenn ja, wie sehen und sahen diese aus?

—

Welche Denkweisen behindern Ihrer Einschätzung nach ganz besonders stark eine zukunftsweisende Positionierung?

Think different

—

Besser anders denken:
Wie denken wir über die Welt, in der wir uns bewegen?

Stellen Sie sich die Welt zunächst als einen gedachten Raum vor, den wir ständig ausdeuten.

Wie strukturieren wir Räume?

Wer sich in einem Raum bewegt, hat eine Idee von seiner Form, Struktur und den Regeln, die in ihm herrschen.

Wir strukturieren die Welt nach unseren Vorstellungen, wir orientieren uns an unserer gedanklichen Struktur entlang im Raum. Denk-Räume strukturieren wir oft sehr systematisch und geradlinig – Schubladen und Raster, in die die Welt, wie wir sie erleben, eingepasst wird.

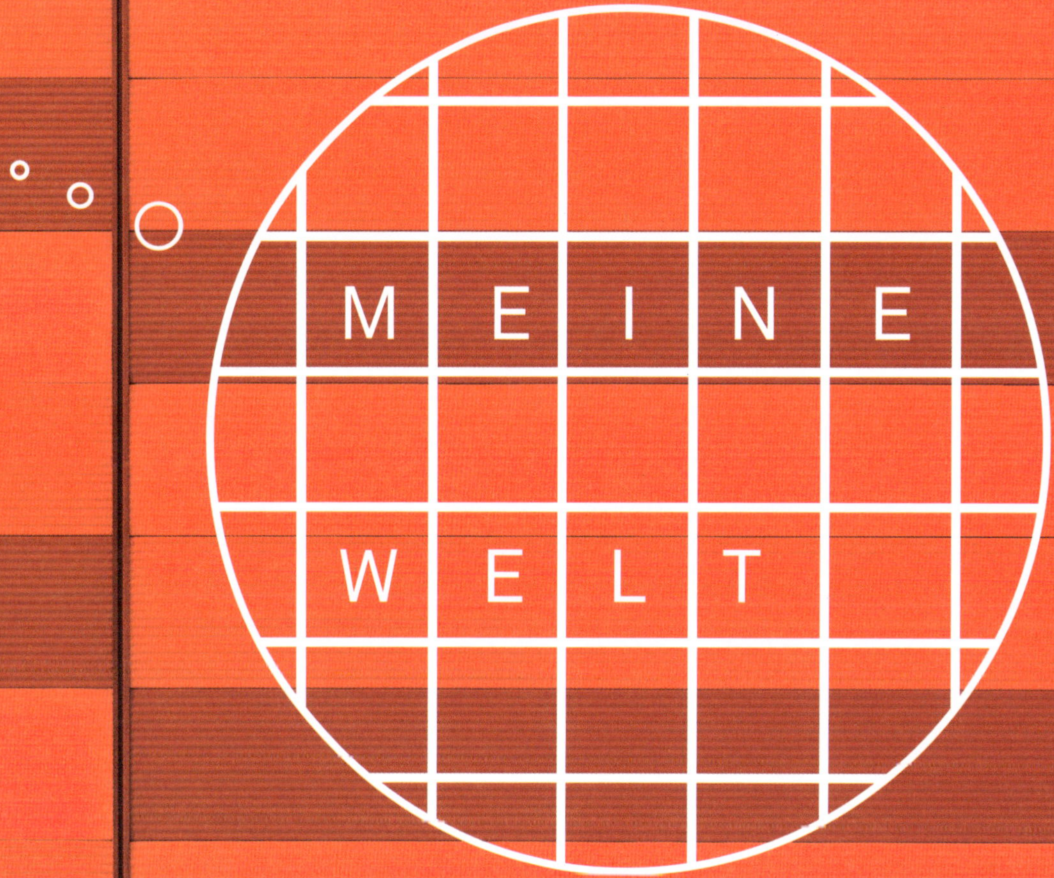

Orientierungsverlust und konkurrierende Weltentwürfe

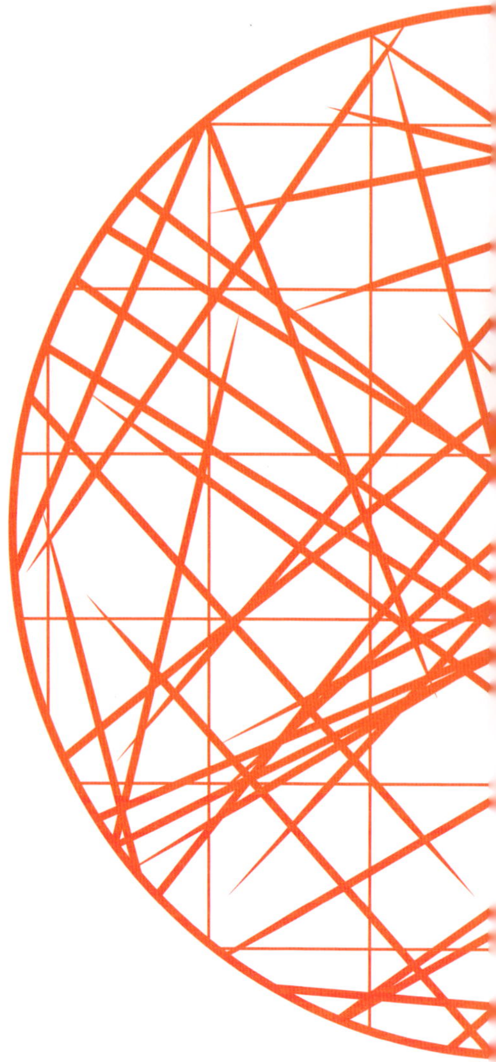

Wir merken allerdings immer mehr, dass uns die Welt - unter unserer gedanklichen Struktur von ihr - entgleitet. Unsere Muster sind durch die Masse an Information und durch unser kleinteilig gewordenes Wissen überkomplex und unregelmäßig geworden.

Dazu gibt es heute viele parallel gültige Entwürfe davon, wie die Welt ist und sein soll. Denkstrukturen überschneiden und überlagern sich unauflösbar. **Das sieht man an:**

- dem Ende der Deutungsmacht der Religion - das Weltbild der Kirche ist nicht mehr universal gültig und steht nicht mehr über allen anderen. Parallele Weltentwürfe werden mittlerweile als gleichwertig anerkannt.

- den Naturwissenschaften, die seit der Entwicklung der Quantentheorie zugeben müssen, dass sie nicht jederzeit exakt bestimmen können, wo sich ein Teilchen gerade befindet.

- mehr noch, dass Messungen die vermeintlich objektiven Ergebnisse maßgeblich beeinflussen.

- Unternehmen wie Uber, die ganze Branchen aushebeln können, indem sie die Gesetze der bisherigen Wirtschaft in Frage stellen und ungeschriebene Regeln brechen - wie die, dass man selbst über ein Auto verfügen muss, um mit der Fahrdienstleistung handeln zu können.

Ihr Erfolg gibt solchen mutigen Unternehmen recht: Die Regeln der klassischen Wirtschaftswelt sind nicht in irgendeinem Sinne “wahr” oder “richtig”, sondern nur solange gültig, wie alle **diesen Glauben teilen und ihr Denken und Handeln einheitlich danach richten.**

Da dies aber heute immer weniger der Fall ist, müssen wir lernen anzuerkennen, dass unser **Wissen über die Regeln auf der Welt ein Glauben an bestimmte Konstrukte ist.** Und dass diese Konstrukte, unsere Weltdeutungsmodelle, temporärer, labiler und weniger allgemeingültig sind, als wir bislang glaubten.

Der Gewinn: Die Welt wird zum Möglichkeitsraum mit einer unendlichen Zahl von Entfaltungschancen.

„Jede Teilung, die wir vornehmen, ist das Resultat unserer Denkweise. In Wirklichkeit besteht die ganze Welt aus ineinander fließenden Übergängen."

David Bohm,
amerikanischer Quantenphysiker, als Philosoph Entwickler der Dialog-Methode

Die Welt als Schaum

—

Wir wissen, dass es nicht mehr ein einziges wahres Weltdeutungsmodell gibt, trotzdem versuchen wir immer noch, so zu denken. Bei genauem Hinsehen passen unsere Denkstrukturen aber nur noch sehr marginal auf das, was wir tagtäglich erfahren.

Es ist Zeit zu erkennen: Die eigene Weltsicht, die eigene Sicht auf Sachverhalte, ist relativ und nicht absolut gültig.

Wie aber kann man von hier aus zu neuer Orientierung kommen?

Die Welt ist heute besser zu verstehen in einem anderen Aggregatzustand: nämlich nicht mehr als feste, strukturierte Kugel, sondern als unsteter Schaum mit einer fluiden, sich ständig ändernden Netzwerkstruktur.

Für Ihr Handeln in dieser Welt bedeutet das: Wir müssen flexibler darin werden, Meinungen über das Sein und die Funktionsweise der Welt, der Wirtschaft oder einer Branche anzunehmen und auch wieder abzugeben, um auf Höhe der Zeit zu bleiben und den Blick für neue Entfaltungsoptionen nicht zu verlieren.

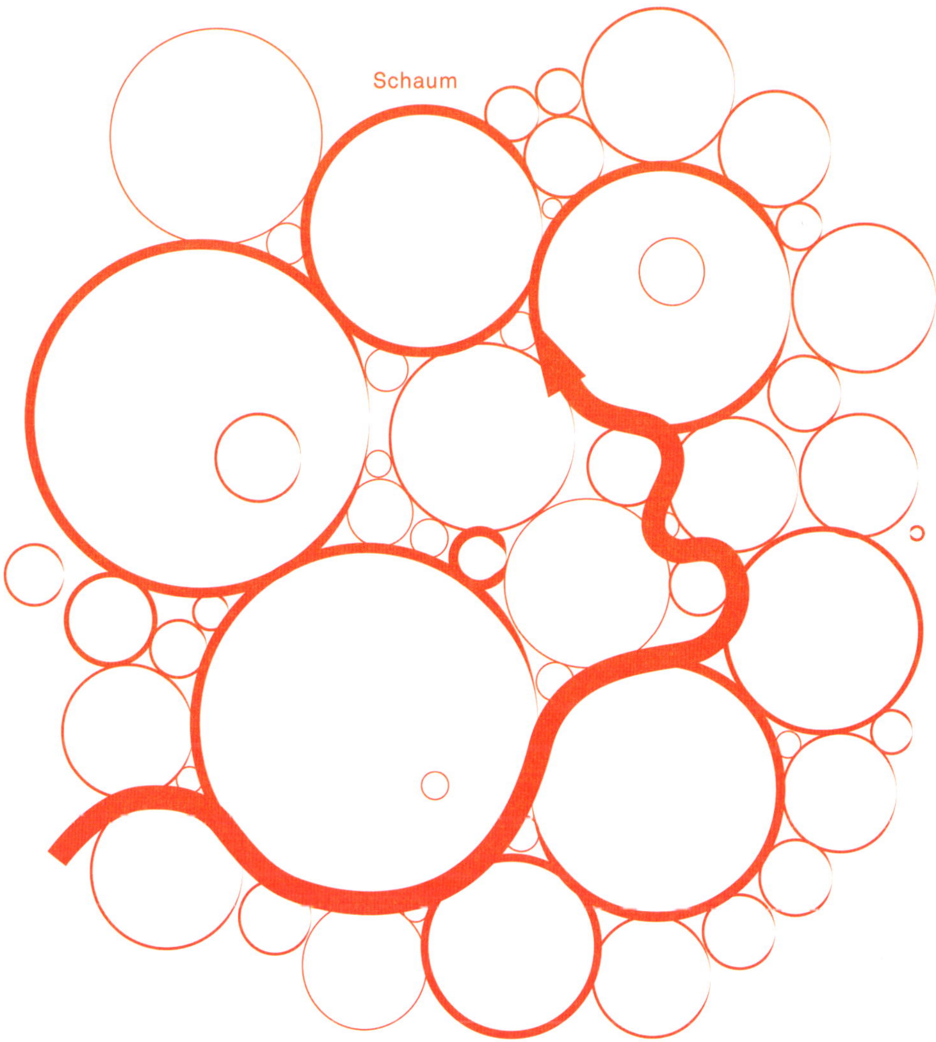

„Das Leitbild der Welt, die wir bewohnen, ist nicht länger die Kugel, sondern der Schaum. Denken im Schaum ist Navigieren in labilen Strömungen.“

Peter Sloterdijk
deutscher Philosoph, Kulturwissenschaftler und Impulsgeber öffentlicher Debatten

Schaum-Denken – was heißt das konkret?

In der gesellschaftlichen Interaktion ist das Agieren im labilen Schaum längst Realität geworden. Konnektivität und Digitalisierung treiben diese Entwicklung voran – Big-Data-Visualisierungen wirken nicht zufällig wie Wolken aus Schaum. Die Gesellschaft organisiert sich neu – in Netzwerken. Diese neue Netzwerkgesellschaft hat keine fixen Strukturen, sie ist ein fluides Konstrukt, das keine starren Abläufe akzeptiert. Aus der Gesellschaft heraus wird der Wandel angetrieben, der wiederum die Wirtschaft und die Märkte verändert.

Wenn die Welt zum Möglichkeits-Schaum wird, müssen auch Unternehmen ihre Form ändern – weg vom statischen Block, hin zum agilen **Netzwerk**, organisiert durch Projekte statt durch Abteilungen.

Das Unternehmen als monolithischer Block, gebaut aus fixen Strukturen und Hierarchien, hat im Schaum wenig Chancen: zu schwer, zu wenig beweglich, nicht schnell genug in der Reaktionsfähigkeit. Fazit: Struktur und Kultur anpassen, oder das Unternehmen versinkt im Schaum.

Die neue Netzwerkgesellschaft und ihre Folgen in der Wirtschaft schaffen mehr Diversifizierung und höhere Komplexität. Komplexität kommt nicht nur von außen, sondern auch von innen. Ein Beispiel: Der Reinigungsmittelhersteller Luhns war 1869 die erste elektrisch betriebene Seifenfabrik, zu Produktion und Vertrieb kamen immer neue innere Aufgaben und Funktionen dazu. Heute ist das Unternehmen eine multiple, komplexe Organisation mit einer Produktion in China. Man managt neben den klassischen Organisationsteilen wie Produktion und Vertrieb eine Vielzahl von spezifischen Dienstleistungen wie Look-and-Feel-Designer, Duft-Kreateure und Trend-Scouts. Das alles bei einem einfachen Produkt wie Seife.

In diesem innen wie außen komplexen Umfeld ist die totale Kontrolle nicht mehr möglich. Strenge funktionale Systeme, die siloartig und hierarchisch aufgebaut sind, hadern schwer damit oder scheitern daran – siehe die jüngsten Skandale in großen Industriekonzernen.

Dazu kommt ein neuer, vernetzter Zugang zum Arbeiten, der sich nicht verträgt mit abgegrenzten Stundentagen, Präsenzkultur, Büro-Einteilungen und Zeiterfassungssystemen. Denn auch der Zeitbegriff wird neu definiert – von einer mechanischen, linear abgesteckten Zeit zu einer fluiden, punktuellen Zeit. Ereignisse sind nicht mehr strukturiert und geplant, sondern poppen auf. **Pop-up** ist nicht nur ein Konzept für Stores auf Zeit, sondern ein generelles Prinzip des neuen Lebens.

Das Unternehmen im Schaum: Ein Netzwerk

Das Gegenmodell zum klassisch-hierarchisch aufgebauten Konzern der Industriegesellschaft sind die Unternehmen, die das Silicon Valley prägen. Fix geglaubte Grundsätze des Wirtschaftens werden auf den Kopf gestellt. Ein Beispiel: Plattformen schlagen Infrastruktur – AirBnB ist mittlerweile der größte Hotel-Anbieter der Welt, aber besitzt kein einziges Zimmer selbst. Die nächste Generation der Technologie-Unternehmen agiert als offenes Labor, mit dem Ziel der Ergründung von Möglichkeiten und nicht zuerst der Erwirtschaftung von Profit. Der Valley-Insider und Plattform-Gründer Dharmesh Shah nennt sie „Create-ups". **Das Netzwerk-Unternehmen der Zukunft ist also:**

- → resilient bis antifragil
- → adaptiv und variabel

Resilienz ist etwas anderes als Robustheit. Robuste Systeme können aufs Erste widerstandsfähig sein, aber sie sind nicht beweglich und damit fragil. Resilient sind Unternehmen, die sich im Wandel und bei Krisen variabel neu organisieren können. Sie passen sich nicht nur an, sondern sie verändern sich auch von selbst und werden dadurch stärker. Die nächste Stufe der adaptiven und variablen Organisation bezeichnet der Statistik- und Zufallsforscher Nassim Nicholas Taleb als Antifragilität. Seine These: Unternehmen, die sich durch exakte Planung, straffe Hierarchie und strikte Kontrollmechanismen stabil wähnen, sind in Wirklichkeit fragil. Denn ihre Pläne und Systeme lassen keine Änderungen und Abweichungen zu. Unerwartete Veränderungen treffen sie deshalb besonders hart – auch hier gibt es aktuelle Beispiele in der Großindustrie.

Antifragil agiert ein Unternehmen, wenn es Fehler, Störungen, Erschütterungen und Angriffe in seiner Kultur begrüßt, als Anstoß zur Innovation und Evolution im Unternehmen. Solche Unternehmen sind zukunftssicher, gerade weil sie im alten, mechanischen Sinn nicht „sicher" sind. Für die Transformation und den Kulturwandel von traditionell organisierten Unternehmen heißt das: So viel Beweglichkeit und Freiheit wie möglich, so viel Strukturen wie gerade nötig, um Abläufe und Entscheidungen zu ermöglichen – von einer geschlossenen zu einer offenen Logik im System.

Ein einfacher Dreiklang des Agierens gibt dabei Halt:

- → Schützen und ausbauen, was gut funktioniert und stark macht
- → Abbauen und weglassen, was behindert und schwächt
- → Und vor allem: Raum für Exploration schaffen: für das Lernen, Ausprobieren, für Experimente

Das stärkt auch die Responsive Variety des Unternehmens, also die Vielfalt in den Möglichkeiten, zu agieren und zu reagieren. In Zukunft braucht es mehr als eine Antwort auf den permanenten Wandel.

Geschlossene Systeme

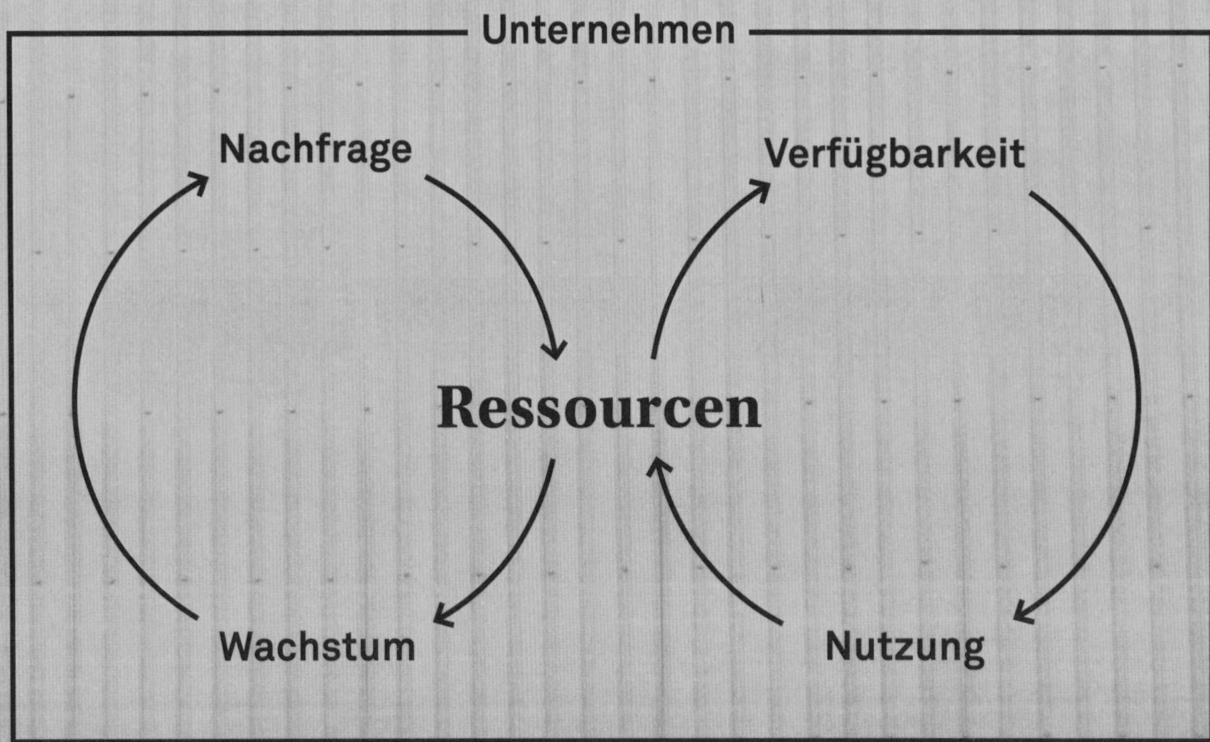

Offene Systeme

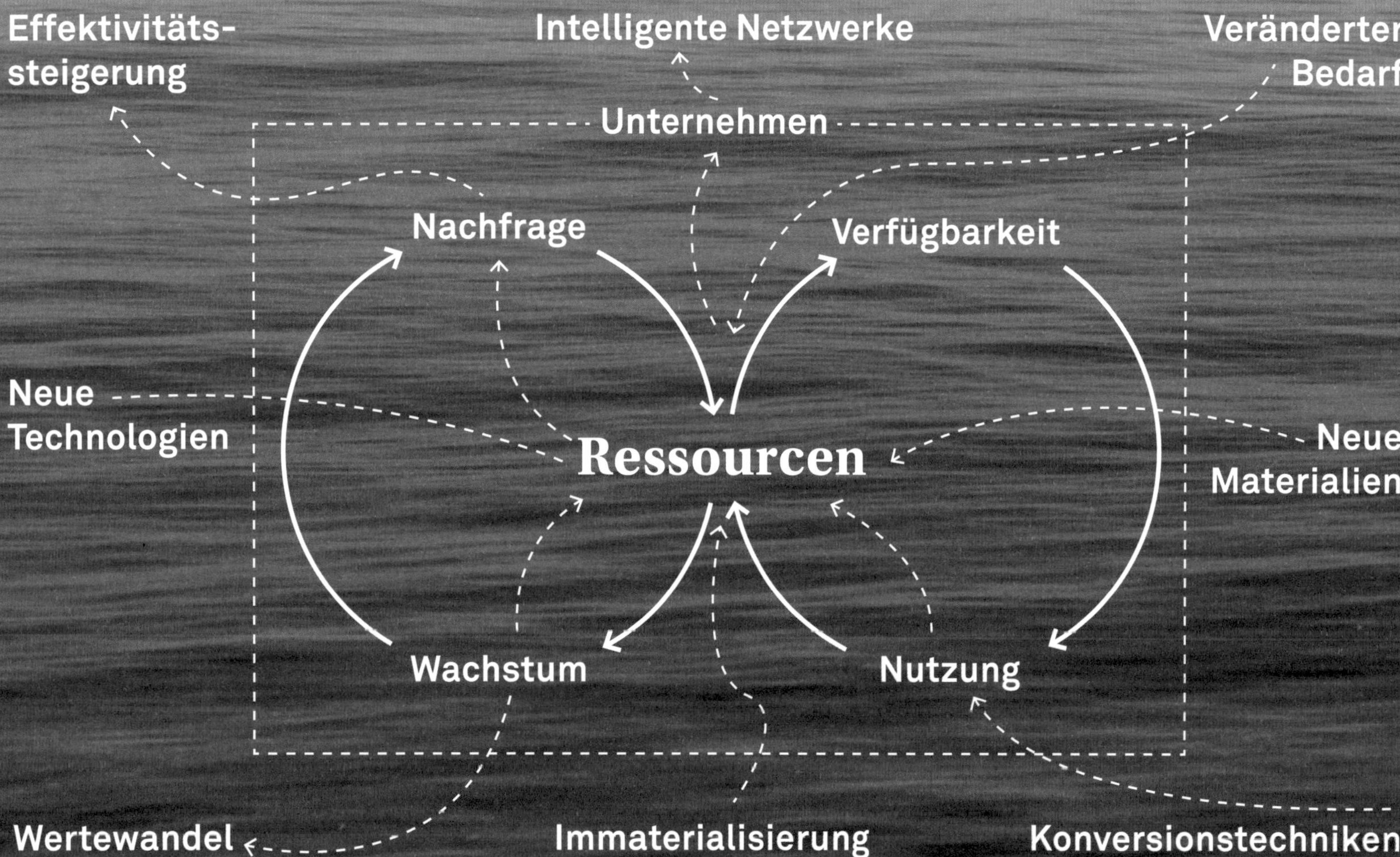

Unternehmen als Netzwerk

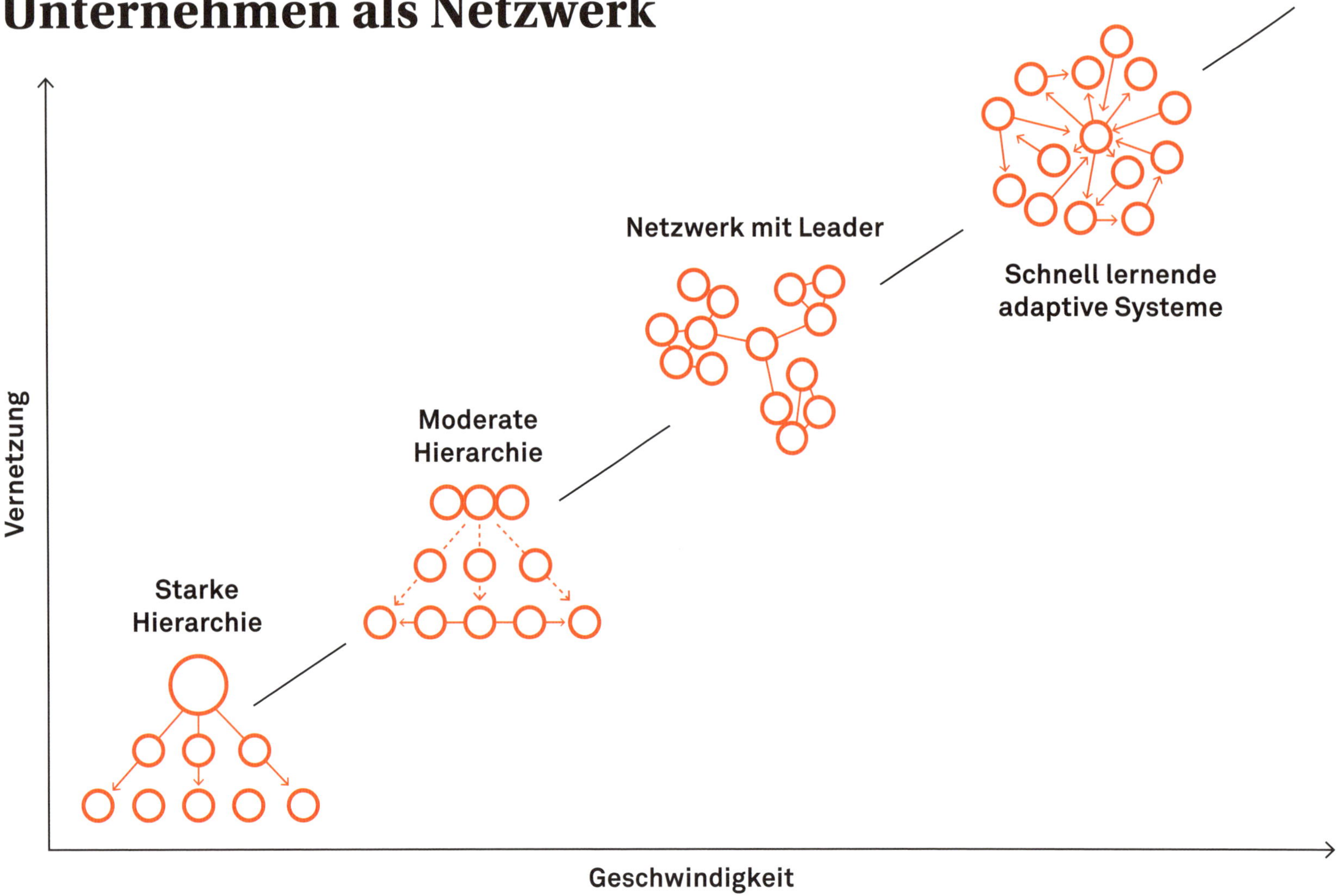

IHR UNTERNEHMEN ALS NETZWERK

—

Ein Blick auf den Aufbau Ihres Unternehmens

Wie sähe Ihr Unternehmen ohne fixe Strukturen und Hierarchien aus?

Wie müsste es organisiert werden?

Was wird gebraucht, was nicht?

Wo könnten neue Netzwerke entstehen? (Kunden, Partner etc.)

Wo sind die Räume für Exploration?

FIT FÜR DISRUPTION?

—

Viele vermeintlich starke Geschäftsmodelle sind stark angegriffen oder zerstört worden – denken Sie an Kodak oder auch Nokia.

Wenn Ihr Geschäftsmodell angegriffen wird, was ist Ihr Plan B, C oder D?

Plan B?

Plan C?

Plan D?

Oder gibt es nur Plan A?

Ihre Vorstellung von der Realität entspricht nicht der Vorstellung aller neuen Konkurrenten, die in Ihre Branche eindringen wollen. Diese Vorstellungen können sehr unterschiedlich sein, ohne dass es ein "Wahr" und "Falsch" gibt.

Denken Sie nicht immer zuerst an Trends und an Kundenbedürfnisse, sondern denken Sie zuerst an Ihr Verständnis von der Welt und Ihr eigenes Selbstverständnis. Erst so haben Sie die Chance, Ihre Kunden überhaupt wirklich wahrzunehmen.

PIONIERE DER ZUKUNFT

—

Think different!

Was sind für Sie wirklich innovative Unternehmen mit Zukunft? Denken Sie nicht nur an bekannte Marken, sondern auch an erfolgreiche Start-ups.

Was zeichnet diese Unternehmen im Speziellen aus, was macht sie so innovativ?

1.

2.

3.

›

1.

2.

3.

...

ÜBERNAHME VON AUSSEN

—

Stellen Sie Ihr Selbstverständnis in Frage:

Stellen Sie sich vor, Ihr Unternehmen wurde von einem dieser hochinnovativen Unternehmen übernommen. Alles wird offen hinterfragt.

Was wäre Ihr erster Vorschlag, was würden Sie als Erstes ändern? (Erinnern Sie sich an die Übung auf S. 14 – Was würden Sie wollen, wenn Sie Ihren Willen durchsetzen könnten?)

1.

2.

3.

...

So sehen Perspektivwechsel aus: Wer hat es gedacht? Woher ist es gedacht?

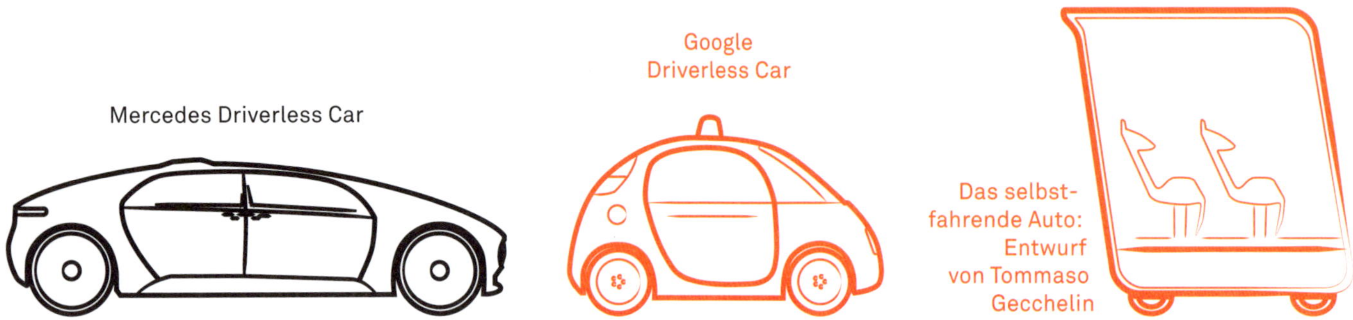

Die Welt betrachten und über die Welt denken bedeutet, sich frei zu machen von normativen Vorstellungen und Möglichkeitsräume zu denken

Beispiel Mobilität

Wahrnehmung der Industrie: Das Auto an sich in seiner Form und Gestalt ist eine unumstößliche und unwiderrufliche Tatsache. Das selbstfahrende Auto muss also logischerweise genauso aussehen wie bisherige Autos.

Aber warum?
Denken Sie etwa an das unkonventionelle Design des selbstfahrenden Google-Autos, das den derzeitigen Designvorstellungen der Automobilhersteller diametral widerspricht. Es geht eher vom Nutzen aus, nicht von Stromlinienformen und Ästhetik.

Oder es könnte auch einfach ein Kasten sein, denn die funktionalen Zwänge v.a. für die Innenraumgestaltung fallen bei autonom fahrenden Autos weg und geben Raum für eine radikale Neugestaltung. Beispiel: modulare selbstfahrende Autos (Entwurf von Tommaso Gecchelin), die zur Ressourcenschonung und sozialen Interaktion auf längeren Strecken zusammengekoppelt werden können.

Mobilität neu denken: Ein Perspektivwechsel befreit von bisherigen Denkmustern und öffnet die Wahrnehmung für andere mögliche Realitäten. Hier sehen wir auch den Unterschied zwischen linearem Denken und Anders-Denken.

BLICK OHNE SCHEUKLAPPEN

—

Was würde ein branchenfremder Entrepreneur, der Ihre Kulturen, Strukturen und Traditionen nicht kennt, einfach anders denken und machen, als es derzeit in Ihrem Unternehmen passiert?

1.

2.

3.

Blättern Sie auch nochmals auf S.16, denn unsere Zukunftswahrnehmung ist immer sehr persönlich gefärbt. Fragen Sie sich selbst: Inwiefern hindern Sie Ihre drei zentralen Grundannahmen (Trendannahmen) daran, in Ihrem Branchenkontext anders über die Zukunft zu denken?

CROSS-INNOVATION

—

Die Welt anders zu sehen funktioniert am besten, wenn Sie den Blick über den Tellerrand wagen und Bestehendes neu denken, indem Sie es beispielsweise geschickt rekombinieren.

Nehmen Sie Ihre Branche und „kreuzen" Sie ein Produkt/einen Service Ihrer Branche bzw. Ihres Unternehmens mit einem Produkt/Service einer anderen Branche, das/der Ihnen als besonders erfolgreich ins Auge gefallen ist.

Welche Erfolgsprinzipien lassen sich übernehmen?

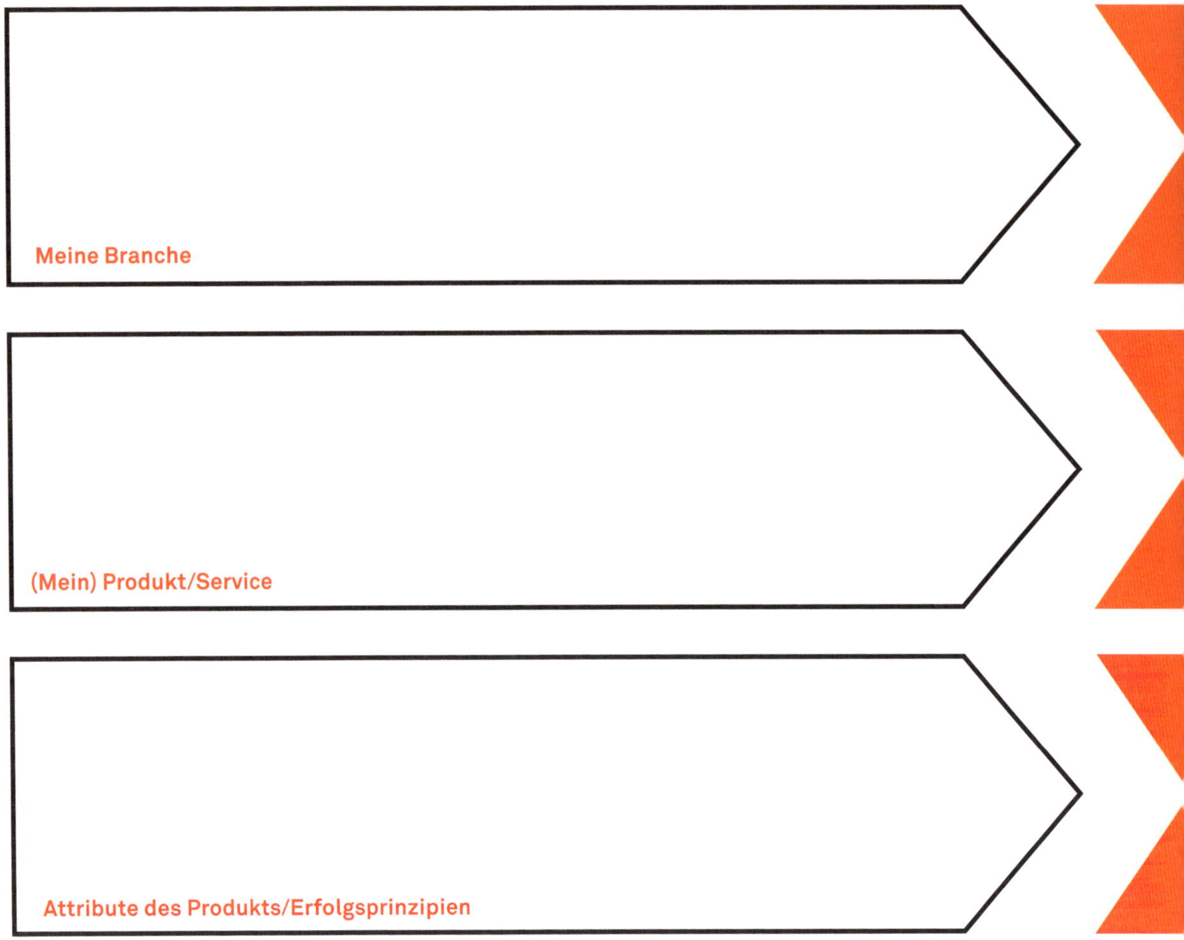

INNOVATION DURCH SYNTHESE

Andere Branche

Produkt/Service

Attribute des Produkts/Erfolgsprinzipien

Neue Produkt- oder Service-Idee

Next Economy: Fortschritt statt nur Wachstum

Können Sie sich vorstellen, dass Wirtschaft auch anders funktionieren kann, als sie es heute tut? Dass sie auf anderen Grundprinzipien beruhen kann als auf den heutigen? Hier zwei Zukunftsszenarien einer gar nicht so fernen Next Economy:

1. Ökonomie im Kreislauf – effektiv statt effizient

Stellen Sie sich vor, die Wirtschaft wäre nicht mehr vom Effizienzgedanken getrieben – der ständigen Optimierung von Bestehendem, um besonders wirtschaftlich zu sein und einen maximalen Gewinn einzubringen –, sondern von der Frage nach der Effektivität: Ist das, was das Unternehmen tut, sinnvoll und nützlich?

Das hätte zur Folge, dass Dinge noch einmal völlig neu erfunden würden. Verschleißprodukte wie Schuhsohlen, Bremsbeläge oder Autoreifen etwa würden so gestaltet, dass sie die Biosphäre unterstützen, anstatt nach ihrer Laufleistung optimiert zu werden – mit Reifenabrieb als gesundheitsproblematischem, somit überflüssigem Nebenprodukt. Dann gäbe es keine Passivhäuser, sondern solche, die Luft und Wasser reinigen, die Energie produzieren. Der neue Grundgedanke: Cradle to Cradle – alles ist Nährstoff, Ressourcen werden in geschlossenen Kreisläufen organisiert, das Prinzip Abfall ist abgeschafft. Man orientiert sich nicht am Produkt, sondern an der Leistung – also zum Beispiel: Mehrere tausend Mal waschen können, statt eine Waschmaschine zu kaufen bzw. zu besitzen.

2. Ökonomie nach dem Wachstum: „Was ist der Wert?" statt „Was ist der Preis?"

Damit verwandt ist der Gedanke, Wirtschaft nicht mehr mit Wachstum gleichzusetzen. Stellen Sie sich vor, die Bedeutung von quantitativem Wachstum als Wirtschaftsziel und von materieller Anhäufung würde abnehmen. Kunden wären nicht einzelne Konsumenten, sondern Netzwerke und Gemeinschaften, die von Zusammenarbeit, Tausch und Sharing-Kultur geprägt sind, die Produkte selbst herstellen – Stichwort 3-D-Druck –, selbst reparieren oder Gekauftes gemeinsam nutzen. Wohlstand wird stärker mit emotionaler Lebensqualität und Happiness assoziiert. Zeit für sich und andere löst Geld und Statussymbole als erstrebenswertes Gut ab. Das lenkt die Wirtschaft auf sinn- und werteorientierte Pfade.

Ziel für Unternehmen ist es, Stellung zu beziehen und Vertrauen zu schaffen – und damit nicht mit aller Macht zu wachsen, sondern vor allem zu reifen. Die Next Economy fragt zuallererst nach dem Mehrwert – für möglichst viele.

NEXT ECONOMY THINKING

—

1. Welches Angebot (Produkt/ Service) kann Ihr Unternehmen in einer Next Economy bieten, in der es mehr auf Sinn und Werte ankommt, in der nicht Verbrauch, sondern lange Nutzbarkeit und die Erhaltung der Rohstoffe zählen?

>

Ideen und Ansätze:

2. Wie können Sie Ihre bestehenden Bestseller so adaptieren, dass sie von möglichst vielen Menschen im Sinne des „Sharings" genutzt werden?

>

Ideen und Ansätze:

3. Wie können Sie Anreize zum Austausch, zum Sharing in Ihrer Markencommunity schaffen? Wie können Sie Menschen über Ihre Produkte und Services vernetzen?

>

Ideen und Ansätze:

Orientierung?

—

Wie orientiert man sich im Schaum der möglichen Weltsichten?

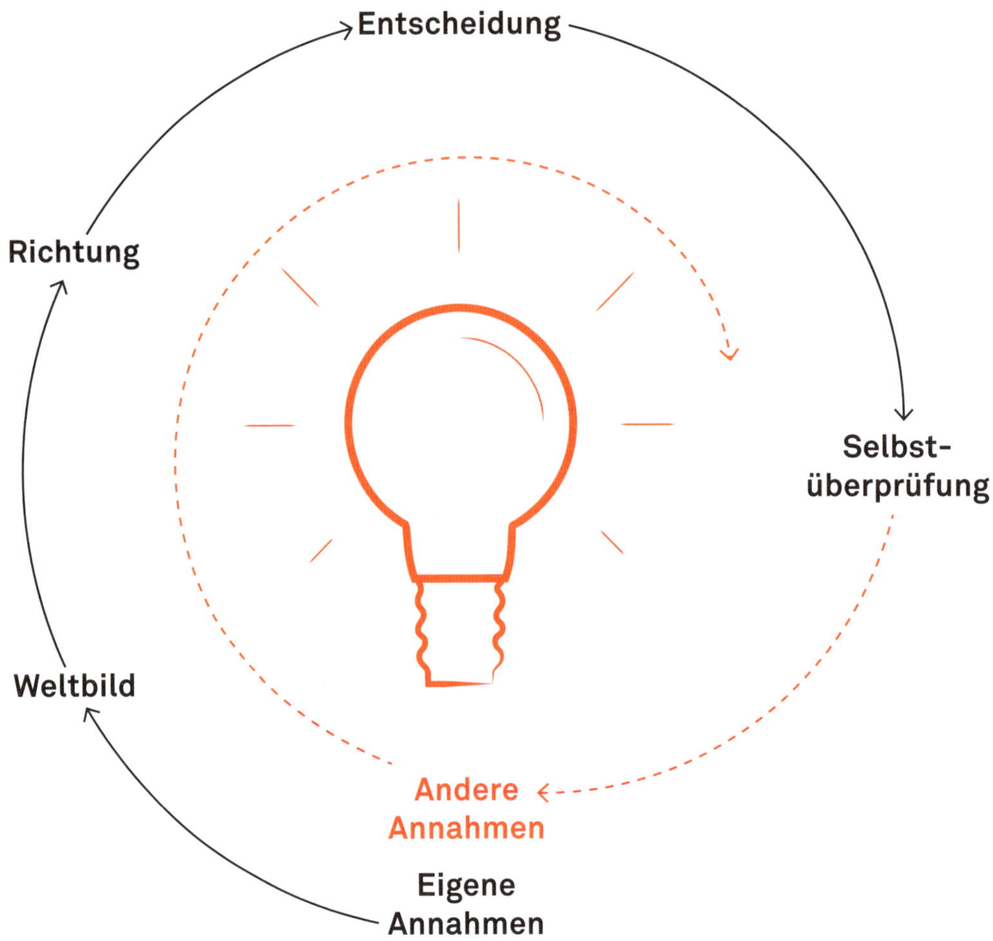

Sich im Schaum bewegen heißt, flexibel zu sein (resilient) im Umgang mit Weltbildern und Annahmen über die Welt, nichts als unumstößliche Wahrheit anzuerkennen und andere Sichtweisen als ebenso mögliche anzunehmen.

Es heißt, sich für jede neue Entscheidung oder Problemstellung zu öffnen, bereit zu sein, Fragen zu stellen und eigene Annahmen zu überdenken, zu überprüfen und zu revidieren.

Für Ihr Business heißt das, nichts für ewig gültig zu halten. Als Allerletztes Ihre Sichtweise auf Ihre Branche.

Wie kommen Sie zu neuen Perspektiven?

- → Woran erkenne ich, ob meine Sichtweisen in eine Sackgasse führen oder ob sie nachhaltigen Wert haben?
- → Welches sind die Fallstricke im Denken und im Sehen, die mich ins Off befördern?
- → Wie komme ich dazu, zukunftsfähige Alternativen zu sehen und zu denken?

„Jeder Mensch hat ein Brett vor dem Kopf. Es kommt nur auf die Entfernung an.“

Marie von Ebner-Eschenbach, österreichische Schriftstellerin

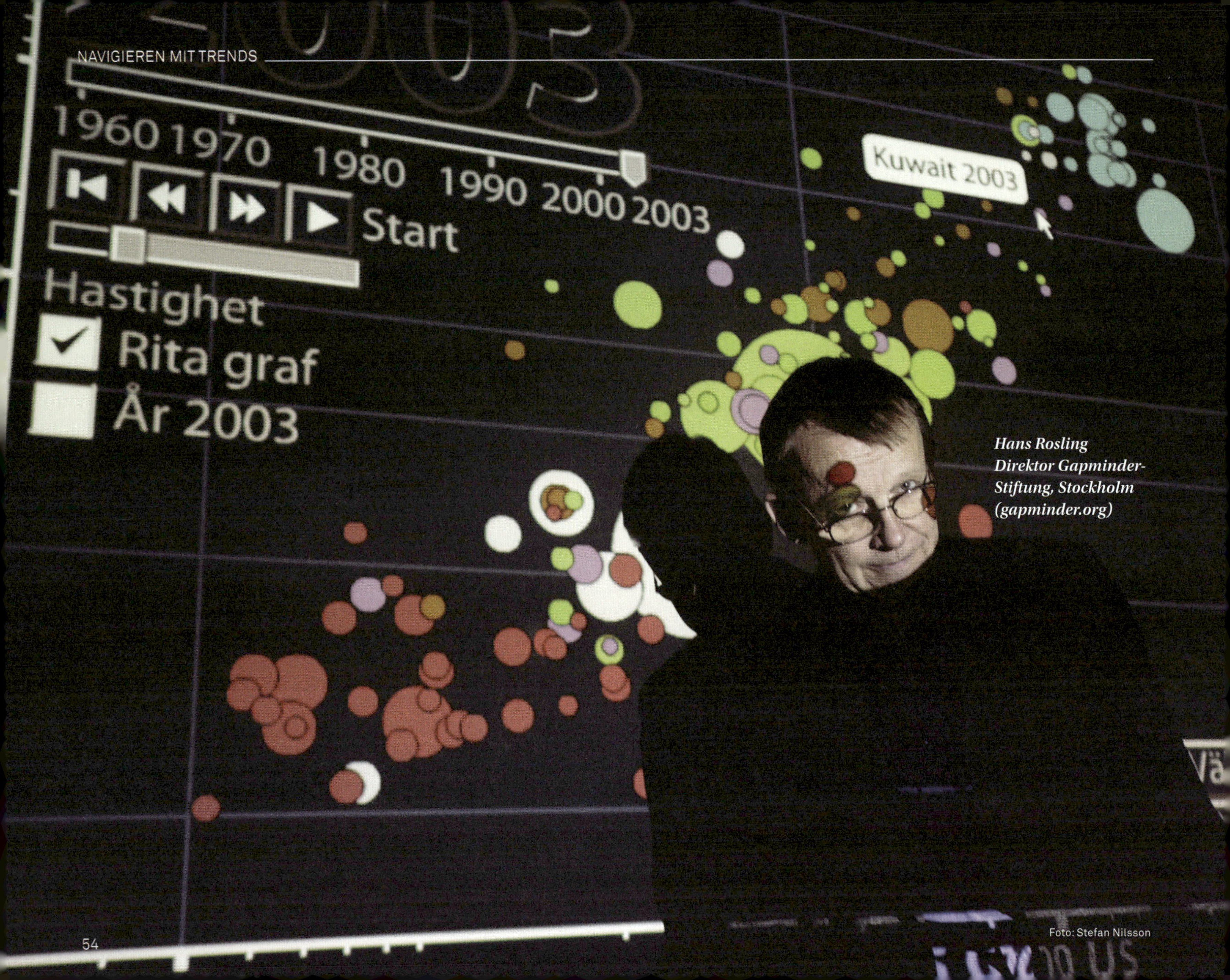

Hans Rosling
Direktor Gapminder-Stiftung, Stockholm
(gapminder.org)

Foto: Stefan Nilsson

WISSEN WIR ODER GLAUBEN WIR ZU WISSEN?

—

Wenn wir Entscheidungen treffen und uns über Trend-Annahmen austauschen, müssen wir nicht nur die Frage stellen, wie gültig die eigene Meinung und Perspektive ist, sondern genauer fragen: Worauf basiert sie?

Hans Rosling und sein Sohn Ola Rosling, Pioniere der Datenvisualisierung und Gründer der Stiftung Gapminder (gapminder.org), haben es sich zur Aufgabe gemacht, die Menschen mit ihrem Wissen und Nicht-Wissen über Eckdaten der Weltbevölkerung zu konfrontieren und aufzuklären.

Dazu haben sie folgende Fragen entwickelt und der schwedischen und amerikanischen Bevölkerung sowie dem Publikum der Expertenplattform TED (ted.com/speakers/hans_rosling) live gestellt.

Was sind Ihre derzeitigen Annahmen über die Welt?

Entscheiden Sie sich bei den folgenden drei Fragen jeweils für eine Antwort:

FRAGE 1
Wie veränderte sich die jährliche Zahl von Todesfällen durch Naturkatastrophen seit dem Jahr 1970?

- ◯ Sie hat sich mehr als verdoppelt
- ◯ Sie ist nahezu gleich geblieben
- ◯ Sie hat sich mehr als halbiert

FRAGE 2
Im Weltdurchschnitt gingen Männer, die heute zwischen 25 und 34 Jahre alt sind, 8 Jahre lang zur Schule. Wie viele Jahre gingen die Frauen in der gleichen Altersgruppe zur Schule?

- ◯ 3 Jahre
- ◯ 5 Jahre
- ◯ 7 Jahre

FRAGE 3
Von 1990 bis 2010 hat sich der Anteil der in extremer Armut lebenden Weltbevölkerung…

- ◯ fast verdoppelt
- ◯ im Großen u. Ganzen nicht verändert
- ◯ fast halbiert

Die Lösungen

LÖSUNG 1
Wie veränderte sich die jährliche Zahl von Todesfällen durch Naturkatastrophen seit dem Jahr 1970?

	Schweden	TED
○ Sie hat sich mehr als verdoppelt	50%	33%
○ Sie ist nahezu gleich geblieben	38%	37%
✓ Sie hat sich mehr als halbiert	12%	30%

LÖSUNG 2
Im Weltdurchschnitt gingen Männer, die heute zwischen 25 und 34 Jahre alt sind, 8 Jahre lang zur Schule. Wie viele Jahre gingen die Frauen in der gleichen Altersgruppe zur Schule?

	USA	TED
○ 3 Jahre	24%	49%
○ 5 Jahre	52%	31%
✓ 7 Jahre	18%	18%

LÖSUNG 3
Von 1990 bis 2010 hat sich der Anteil der in extremer Armut lebenden Weltbevölkerung…

	USA	TED
○ fast verdoppelt	66%	37%
○ im Großen und Ganzen nicht verändert	29%	26%
✓ fast halbiert	5%	32%

Lagen Sie richtig?

Wenn ja – Kompliment. Wenn nicht – es geht der Mehrheit der Test-User so.

Die Ergebnisse zeigen, wie verzerrt unsere Wahrnehmung und Einschätzung selbst von zählbaren Dingen ist. Sie können sich vorstellen, dass die Verzerrung noch stärker bei etwas ist, das nicht zählbar ist: unsere Annahmen über die Zukunft. Das kann zu fundamentalen Fehlentscheidungen führen.

Setzen Sie sich immer wieder mit den eigenen Annahmen auseinander. Prüfen Sie diese genau.

Die Fallen des Rasterdenkens

Warum macht uns die Anhäufung von Wissen (Glaubenssätzen) nicht zwangsläufig schlauer? Warum ist diese Basis so wenig verlässlich?

Unsere Wahrnehmung ist für uns unhintergehbar subjektiviert und damit selektiv – und zwar sowohl in der Art und Weise, wie wir wahrnehmen, als auch in dem, was wir wahrnehmen:

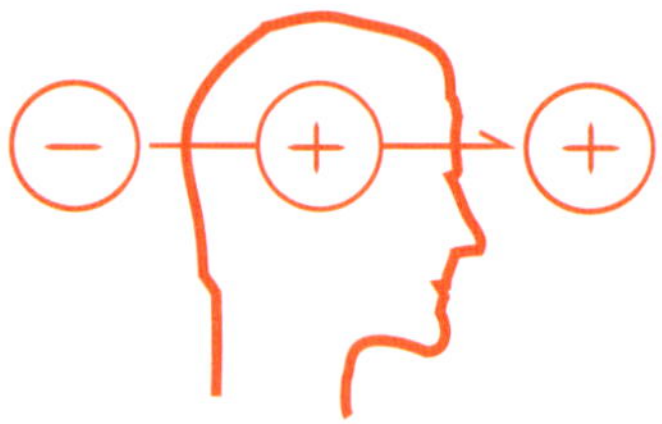

Biases: Wir sehen, was wir erwarten zu sehen – mit dem Wunsch nach Einfachem und Vertrautem

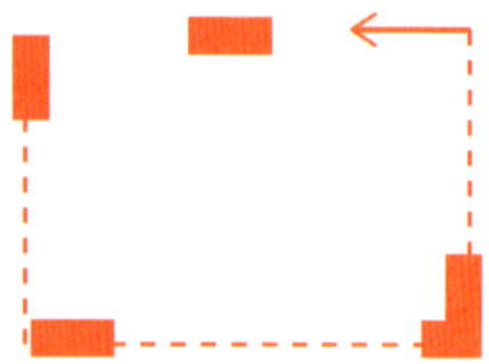

Priming: Unser Denken ist von außen sehr beeinflussbar: Bilder, Gerüche und Nachrichten beeinflussen unser Verhalten

Emotional Influence: Emotionen (v.a. Angst) und Interessen (Wollen, Wünschen) prägen unsere Wahrnehmung

DER FALL MIT DER BÜROKLAMMER

—

Unser Weltbild wird mit der Zeit immer enger. Ebenso beschränkt werden wir mit der Zeit in unseren Vorstellungen, wie die Zukunft sein kann.

Folgendes Ergebnis eines simplen wissenschaftlichen Tests illustriert unseren Hang zum Gewohnten und zur Vereinfachung.

Stellen Sie sich die Frage: Wozu kann man eine Büroklammer benutzen? Wenn Sie auf über 100 Antworten kommen, wäre dies herausragend!

Dies erreichen..

- 98% der Kindergarten-Kinder
- 32% der 10-jährigen Kinder
- 12% bei den 15-jährigen
- 2% bei den Erwachsenen (Erwachsene kommen auf durchschnittlich 10-15 Antworten)

Quelle: George Land und Beth Jarmann: Breaking Point and Beyond, San Francisco, Harper Business Review

Sich selbst beim Denken beobachten

→ Wo etwas zur Vollständigkeit des Rasters fehlt, ergänzen wir es einfach mit etwas **Bekanntem/Gewohntem (Confirmation Bias)**

→ **Paradoxien** („krumme Raster") deuten wir so lange um, bis sich etwas Eindeutiges, Konsistentes ergibt

→ Wir denken immer das, was am einfachsten zu denken ist **(Availability Bias)** – so etwa das besonders Drastische oder das besonders Bequeme/Automatische; oder auch: lineare Projektionen in die Zukunft (technologischer Fortschritt, stete Beschleunigung)

→ Erinnerungen werden ständig **verändert** und an unsere Haltung angepasst: „Früher war alles besser"

→ Unser Denken ist emotional; vor allem in Hinblick auf die Zukunft haben wir Angst vor Ungewissheiten und driften daher schnell ins Negativdenken **(Future Bias)**

→ Unsere Aufmerksamkeit ist beeinflussbar durch unterbewusste Vor-Reize **(Priming)**. Zum Beispiel: Welche Buchstaben können Sie hier einsetzen? SOMMER, SONNE, ME_R, B_DEN (und warum nicht h und o?)

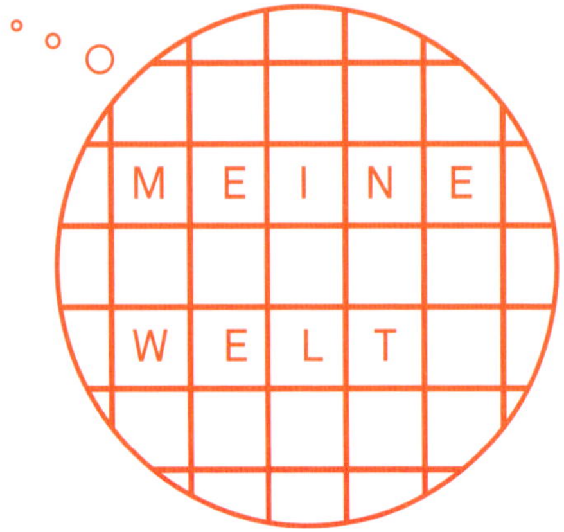

„Nicht die Ereignisse sind es, woran die Menschen leiden, sondern deren Beurteilung."

Epiktet, griechischer Philosoph

Sie sind kein Opfer Ihres eigenen Denkens oder Ihrer Biologie. Überprüfen Sie, ob ein Sachverhalt wirklich unumstößlich und per se problematisch ist. Oder liegt es an Ihrer Sicht auf die Dinge, dass ein Sachverhalt erst zu einem Problem wird? Sie können Ihr Denken offen halten – wenn Sie sich wirklich darauf einlassen und es **emotional** zulassen.

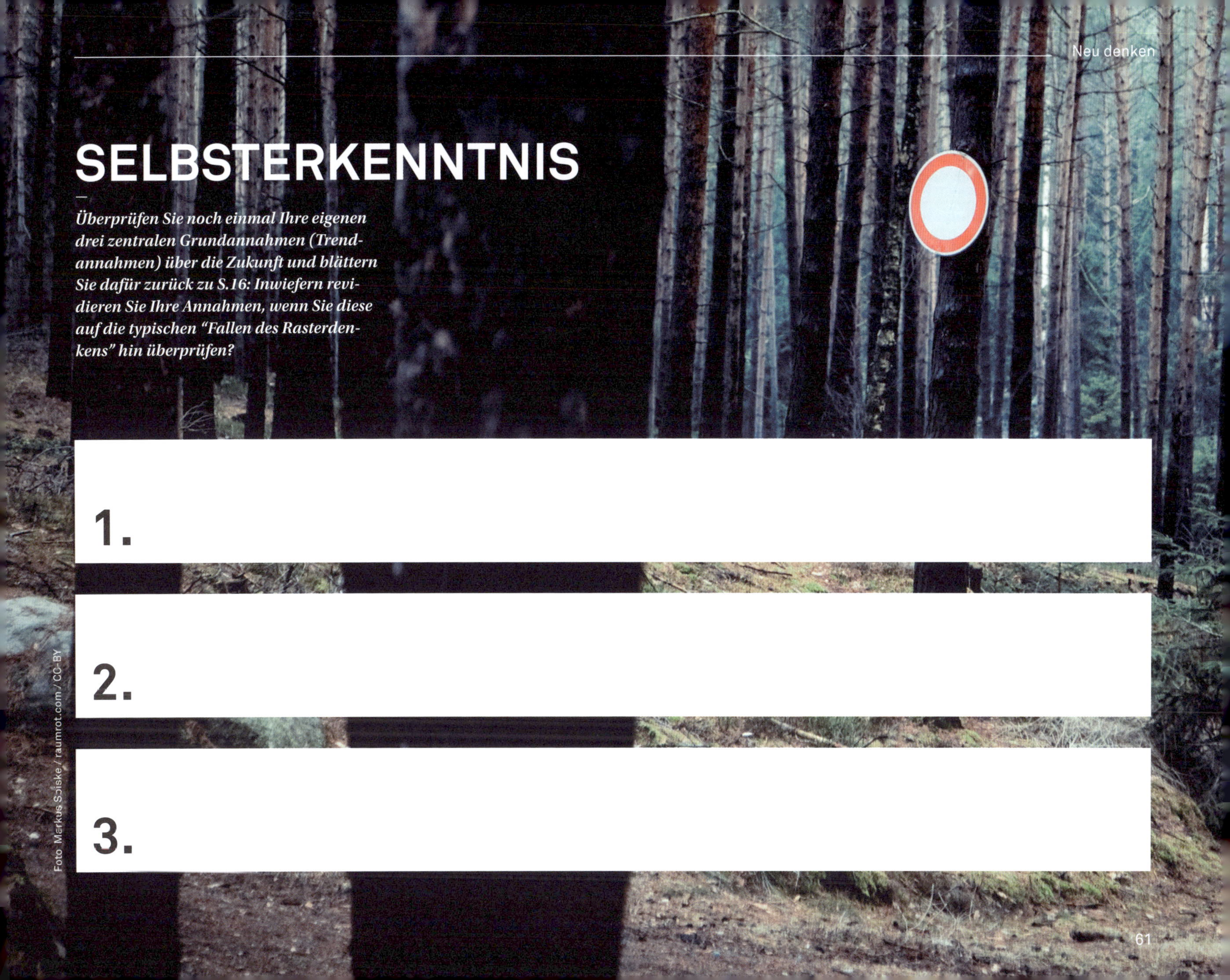

SELBSTERKENNTNIS

—

Überprüfen Sie noch einmal Ihre eigenen drei zentralen Grundannahmen (Trendannahmen) über die Zukunft und blättern Sie dafür zurück zu S.16: Inwiefern revidieren Sie Ihre Annahmen, wenn Sie diese auf die typischen "Fallen des Rasterdenkens" hin überprüfen?

1.

2.

3.

Foto: Markus Spiske / raumrot.com / CC-BY

RASTERFALLE UND NEUER BLICK

—

Mit welchen der Überzeugungen und Glaubenssätze in Ihrer Branche bzw. Ihrem Unternehmen könnten Sie in die Falle des Rasterdenkens getappt sein? Welche Fallen sind für Sie besonders gefährlich?

Welche alternativen Denkweisen könnten Ihrem Unternehmen helfen, welcher Perspektivwechsel wäre lohnenswert?

Überzeugung/Glaubenssatz:	›	Alternative Denkweise:
Überzeugung/Glaubenssatz:	›	Alternative Denkweise:
Überzeugung/Glaubenssatz:	›	Alternative Denkweise:

Wie kann man sein Denken offen halten?

Die Grundregeln des Wahrnehmungs- und Aufmerksamkeitstrainings

– Den Blick offen und flexibel halten –

– Nicht zu kurzsichtig und einseitig schauen –

– Unschärfen zulassen –

1. Ansatz: Der weite Blick

–

Stellen Sie sich vor, Sie sind ein Fußballspieler: Sie haben den Fokus auf den Ball und auf den Weg zum Tor. Dabei geraten Sie leicht in einen Tunnelblick. Gleichzeitig müssen Sie aber die Bewegungen in Ihrem Umfeld im Auge behalten – auch die, die nur an den Rändern Ihres Gesichtsfelds oder sogar noch dahinter stattfinden.

Bewegungen dort können unter Umständen wichtiger sein als Ihr Fokus aufs Tor – wenn sich etwa ein besser platzierter Mitspieler anbietet oder ein Gegner nähert. Das zentrale Sehen (mit maximaler Schärfe) deckt einen Sehwinkel von nur etwa 2 Grad ab. Aber allein Ihr Gesichtsfeld beträgt bei ruhig gehaltenem Kopf und Augen 180–200 Grad, mit Augenbewegung haben Sie ein Blickfeld von 270 Grad – immer noch ohne jegliche andere Körperbewegung. Wenn Sie dazu noch Ihren Oberkörper drehen (Sie haben sich mit den Füßen noch immer nicht bewegt), können Sie bereits volle 360 Grad erfassen. Nutzen Sie das – vermeiden Sie den Tunnelblick und denken Sie daran, Ihre Umwelt im Ganzen zu betrachten.

Erweitern Sie Ihr Blickfeld. Schulen Sie Ihr peripheres Sehen, um den gesamten Aktionsraum um Sie herum zu erfassen.

Üben Sie, Bewegungen (Geschehnisse) jenseits von Ihrem Fokus wahrzunehmen, die für Sie vermeintlich uninteressant sind.

Foto: Flickr, Ryan Knapp, CC-BY-SA

BLICKWEITUNG

—

Welche Erfahrung, welches Produkt oder welcher Service außerhalb Ihrer Branche – gerne auch aus dem privaten Kontext – hat Sie zuletzt so richtig erstaunt? Warum?

Erfahrung/Produkt/Service:

Das hat mich besonders erstaunt:

Wie können Sie dieses positive Erlebnis auf Ihr Unternehmen bzw. Ihre Produkte oder Services ummünzen?

Ideen:

Von der Biografie zur Multigrafie

Der Weg von der Zielgruppe zu Lebensphase und Lebensstil

Die im Industriezeitalter gängige „Normbiografie“ mit ihrem streng linearen Ablauf in den drei Phasen Kindheit/Jugend, Erwerbs-/Familienphase und Ruhestand verliert zunehmend an Gültigkeit.

Es entfalten sich neue Lebensphasen wie beispielsweise die Post-Adoleszenz, bei der jugendliche Verhaltens- und Stylingmuster bis ins höhere Erwachsenenalter gepflegt werden – „Jugendlichkeit“ löst sich zunehmend von der Jugend. Erwachsene Menschen werden in ihrer Lebensführung dem, was als „jugendlich“ gilt, immer ähnlicher. So fahren immer mehr Menschen im Sinne eines „zweiten Aufbruchs“ z.B. Snowboard, leben in Wohngemeinschaften oder sind wieder Singles; und auch mit grauen Schläfen trägt man noch Kapuzenpullis. Wo früher Heirat und Familiengründung dem Leben Stabilität gaben, wird die Biografie heute zur Multigrafie, in der Lebensphasen abgebrochen werden, sich überschneiden oder auch wiederholt werden. Das berührt das Berufs- wie das Privatleben: Wo der eine noch mit 50 ein Start-up-Unternehmen wagt, gründet der andere mit 30 schon seine dritte Familie.

Das bedeutet, das klassische Zielgruppendenken hinter sich zu lassen und die einzelnen Lebensphasen differenziert in den Blick zu nehmen. Denn hier entstehen neue Bedürfnisse, die Chancen für innovative Produkte und Services bieten.

Sehen Sie Ihr Unternehmen als Lebensphasen übergreifenden Anlaufpunkt. Jede Lebensphase ruft andere Bedürfnisse hervor. Eines bleibt jedoch in allen Lebensphasen gleich: Wir müssen unsere Lebensentscheidungen eigenverantwortlich aus einer Vielfalt an Möglichkeiten treffen.

Die Biografie des Industriezeitalters

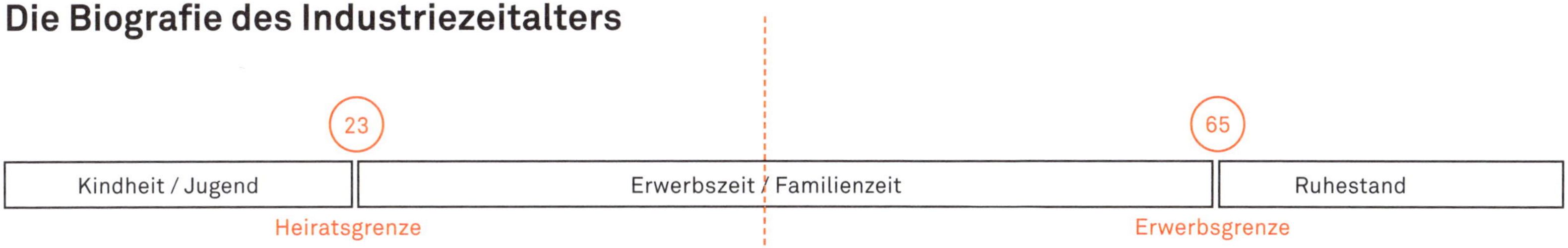

Die Multigrafie des 21. Jahrhunderts

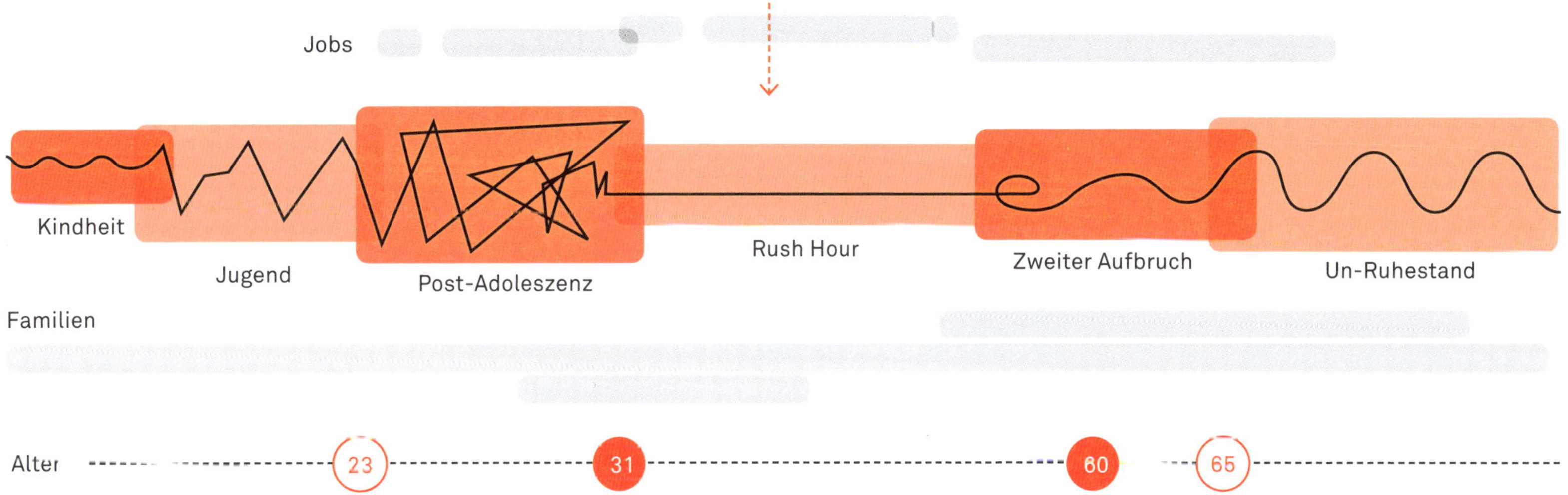

LEBENSPHASEN-BEGLEITER

—

Überlegen Sie in dieser Übung, im Sinne der Blickweitung, wie Sie die gesamtgesellschaftliche Entwicklung von der Biografie hin zur Multigrafie nutzen können.

Welche Bedürfnisse haben die unterschiedlichen Lebensphasen?

Welche Ideen für Services/Produkte fallen Ihnen für die Lebensphasen ein, wie können Sie zum Lebensphasen übergreifenden "Partner" für Ihre Kunden werden?

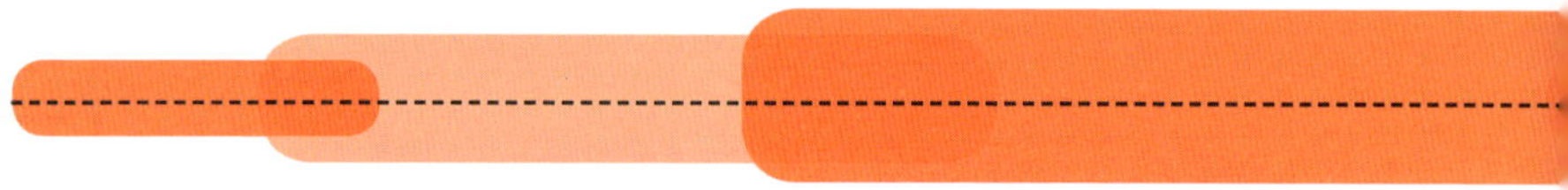

	Kindheit, Jugend (0-18 Jahre)	Post-Adoleszenz (18-30 Jahre)
Bedürfnisse der Lebensphase:		
Ideen für Services/ Aktionen/Produkte für die Lebensphase:		

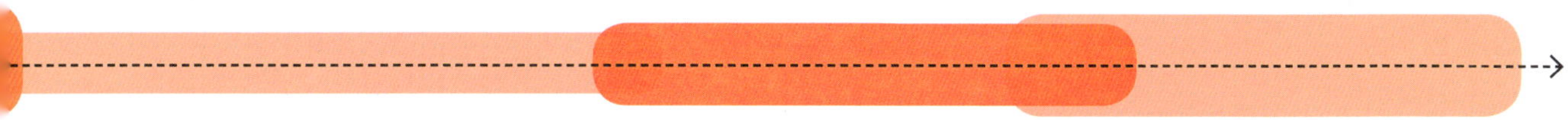

Rush Hour (30-45 Jahre)	Zweiter Aufbruch (45-60 Jahre)	Un-Ruhestand (60+)

2. Ansatz: Der lange Blick

Nehmen Sie sich die Zeit, Ihre Umwelt einmal ohne den effizienzorientierten Blick zu betrachten. Nur dann können Sie sich wirklich von alten Routinen und Hamsterrädern trennen.

Wählen Sie den langen Blick – der verweilt, innehält, wo und wie lange Sie möchten, und nicht gleich den Nutzen sucht, nicht gleich interpretieren, definieren, einordnen will. Der ruhig zum Starren werden kann – bis das Gesehene sich plötzlich entfremdet, uns seltsam vorkommt (wie wenn wir ein Wort viele Male sinnlos vor uns hersagen). Bis es uns sinn-entleert vorkommt.

Genau dann haben Sie die Chance, etwas Neues zu sehen, etwas anderes als das, was Ihr gehetzter, effizienzorientierter Blick gewohnt ist ins Auge zu fassen.

„Das tiefere Glück der Wahrnehmung, des Sehens, besteht in deren Effizienzlosigkeit. Es entspricht dem langen Blick, der bei den Dingen verweilt, ohne sie auszubeuten."

Byung Chul Han,
Philosoph und Kulturwissenschaftler – geboren in Südkorea, lehrt in Deutschland

FREIE SICHT AUF TRENDS

—

Lassen Sie Ihren Gedanken freien Lauf: Welche Entwicklung oder welchen Trend haben Sie bisher außer Acht gelassen, finden Sie aber eigentlich sehr spannend für Ihr Unternehmen? Sollte Ihnen dies in Ihren bestehenden Unternehmensstrukturen schwer fallen, dann stellen Sie sich vor, dass Ihr Unternehmen ein neues Tochterunternehmen gründen will, welches freie Hand hat, diesen beachtenswerten Trend umzusetzen.

Ideen:

Welche neuen Bedürfnisse bei den Menschen entstehen durch diesen Trend?

Ideen:

Wie könnten Sie diese neuen Bedürfnisse adressieren?

Ideen:

FREIE HAND MIT TRENDS

—

Wenn Sie keine Sachzwänge hätten (keinen Leistungs- und Verkaufsdruck) – was würden Sie sofort anders machen in Ihrem Unternehmen?

NEUE ANGEBOTE DURCH TRENDS

—

Wie würden sich Ihre Produkte/ Services ändern?

3. Ansatz: Der defokussierte Blick

—

Trennen Sie sich von einem festen Bild von der Zukunft.

Wir sind klare Bilder gewohnt und entwerfen die Zukunft im Kopf nach unseren Gewohnheiten, Vorstellungen und Wünschen. Wir werfen oft nur einen kurzen Blick auf bestimmte Sachverhalte und glauben zu wissen, wie sie sich künftig entwickeln werden.

Haben Sie den Mut, diese Bilder aufzugeben, denn sie sind durch viele Annahmen ergänzt, die ungeprüft oder gar nicht überprüfbar sind. Defokussieren Sie Ihren Blick, indem Sie ihn von Vorannahmen und vermeintlichen Selbstverständlichkeiten befreien.

Seien Sie mutig und nehmen Sie die Unschärfe der Zukunft an – akzeptieren Sie, dass die Zukunft ein verwischtes Bild ist, auf dem man zwar Schatten ausmachen kann, wo jedoch auch eine Vielzahl an Details unbekannt sind, die ein scharfes Bild ergeben würden. Die Reise in die Zukunft geht durch labile Strömungen – mit Unschärfen umgehen zu können ist eine entscheidende Kompetenz.

Schulen Sie Ihre Kompetenz, sich in Unschärfe bewegen und mit Ungewissheit umgehen zu können.

OHNE HÜRDEN

—

Sie haben auf S. 29 formuliert, welche Denkhürden Ihrer Einschätzung nach eine zukunftsweisende Positionierung Ihres Unternehmens derzeit noch behindern. Denken Sie nun von dort aus weiter und stellen Sie sich vor: Was wäre, wenn diese Denkhürden nicht mehr bestehen würden?

Auswirkungen auf:

Produktebene:

Verfahrensebene:

Prozessebene:

Unternehmenskulturebene:

QUINTESSENZ

Die entscheidenden Schritte zu Ihrem Future Mindset:

→ Denken Sie die Branchen- und Wirtschaftsregeln als flexible Größen.

→ Halten Sie eigene Meinungen nicht für unumstößlich, üben Sie den Perspektivwechsel.

→ Beobachten Sie sich selbst bei der Wissensaneignung und identifizieren Sie Denkfehler und -blockierer.

→ Frei denken, offen wahrnehmen: Betrachten Sie die Umwelt defokussiert und nicht interessengeleitet.

Diese Voraussetzungen sind nötig, wenn Sie sich auf den Umgang mit Trends einlassen wollen.

Ihre Gedanken:

Ihre Gedanken:

Die drei wichtigsten Erkenntnisse:

→ Sie haben die Nase vorn, wenn Sie Ihr Unternehmen und Ihre Branche auch aus einer anderen Perspektive betrachten können und Ihre ungeschriebenen Branchen- und Wirtschaftsregeln nicht für unumstößlich halten.

→ Die menschliche Wahrnehmung ist unzuverlässig: Viele Prämissen sind falsch oder subjektiv verzerrt.

→ Trendbeobachtung erfordert eine ständige Wachsamkeit gegenüber der eigenen Wahrnehmung und Aufmerksamkeit.

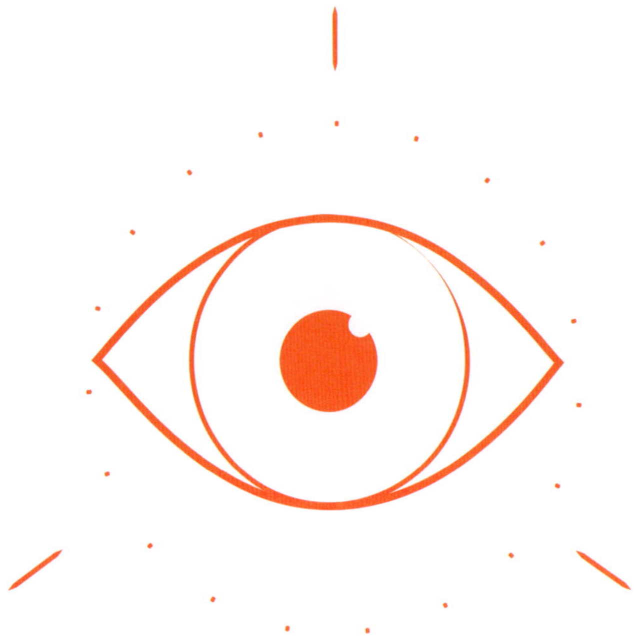

03

NEU ORIENTIEREN

—

Ihr Trend-Raum

Selbst-Orientierung

ist Wahrnehmung im Raum
Wie Sie eine Neu-Orientierung angehen, haben Sie bereits erfahren.

In diesem Kapitel geht es darum, den Ort des eigenen Unternehmens zu fixieren. Wer nicht weiß, wo er selber steht, kann sich auch nicht selbstständig orientieren, eine Richtung wählen und mit Trends richtig umgehen.

Das erfahren Sie hier:

→ Wie Sie verstehen, wo welche Trends wirken

→ Wie Sie Potenziale und Blind Spots erkennen

→ Wie Sie Ideen für Zukunftskonzepte entwickeln

STÄRKENPROFIL

—

Zu Beginn sei festgehalten, dass es sich immer sehr schnell und sehr leicht über die Schwächen des eigenen Unternehmens sprechen lässt. Doch nehmen Sie sich nun – im Sinne einer Selbstverortung – bewusst einen Moment Zeit für Ihre starken Seiten.

1. *Was sind Ihre größten Stärken? Was machen Sie richtig gut?*
2. *Was können Ihre Kunden in Zukunft brauchen – wo gibt es Schnittmengen der Kundenbedürfnisse mit Ihren bereits heute vorhandenen Stärken, wo müssten Sie ansetzen?*

Denken Sie bei Ihren Zukunftsüberlegungen immer daran, dass Megatrends starke Indikatoren des Wandels sind (s. S.19-21). Nutzen Sie diese daher immer wieder als Spiegelungsinstanz für Ihre Überlegungen.

1.

2.

„Culture eats strategy for breakfast."

Peter Drucker, Erfinder des modernen Managements

Das Warum treibt uns an: Das Modell Golden Circle

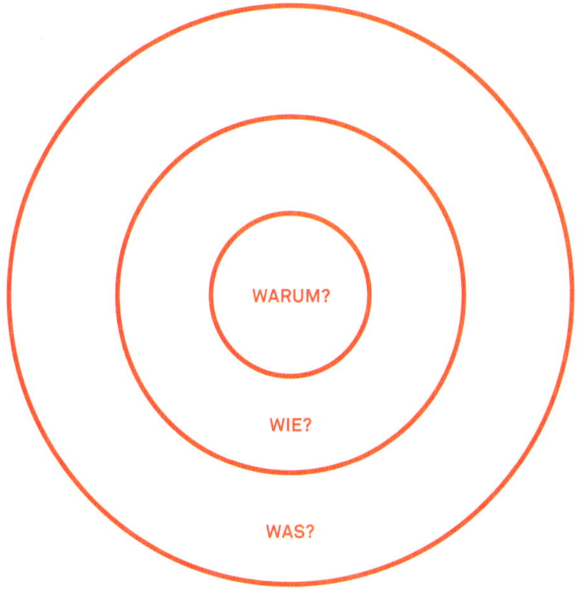

Der Golden Circle zeigt, welches die wichtigsten Stellschrauben in Ihrem Unternehmen sind: Das Herz Ihrer „Unternehmens-Maschine“ ist die Frage nach dem Warum. Die Antwort auf diese Frage bildet das Kerngerüst für die Ausrichtung eines Unternehmens und ist Voraussetzung für Fragen nach den Verfahren (Wie) und den Produkten (Was).

Das Warum fragt nach Motiven, Motivationen, Grundsätzen, Werten und Sinn – und ist daher wesentlich eine emotionale Angelegenheit. Das Warum ist nicht „Ertrag steigern" oder „Marktanteile gewinnen", das ist lediglich Resultat. Das Warum fragt nach dem Selbstverständnis und Urgrund des Unternehmens – es fragt danach, was das Unternehmen grundsätzlich antreibt. Ist die Antwort auf diese Frage klar, kann sie jeder Mitarbeiter in sich tragen – eine entsprechende Unternehmenskultur bildet sich aus, ohne die die besten Ziele nicht erreicht werden können. Das Warum formt nach außen die Botschaft des Unternehmens an die Kunden und Interessenten und übt die eigentliche Faszination auf sie aus.

Ein Beispiel: Henry Ford beantwortete die Frage nach dem Wie mit der industriellen Massenfertigung, das Was mit dem berühmten „Model T". Aber der Antrieb kam aus dem Warum: Selbstbestimmte Mobilität für alle – ein Auto, langlebig und leistbar für jedermann. Das Resultat: Ab 1908 gebaut, war das Model T über 60 Jahre lang das meistverkaufte Automobil der Welt.

„Die Menschen kaufen nicht, was Du tust. Sie kaufen, warum Du es tust.“

Simon Sinek,
Erfinder des Golden Circle Modells

IHR GOLDEN CIRCLE

—

Was ist das Warum Ihres Unternehmens? Welcher Kern sorgt dafür, dass Sie und Ihre Kunden fasziniert sind?

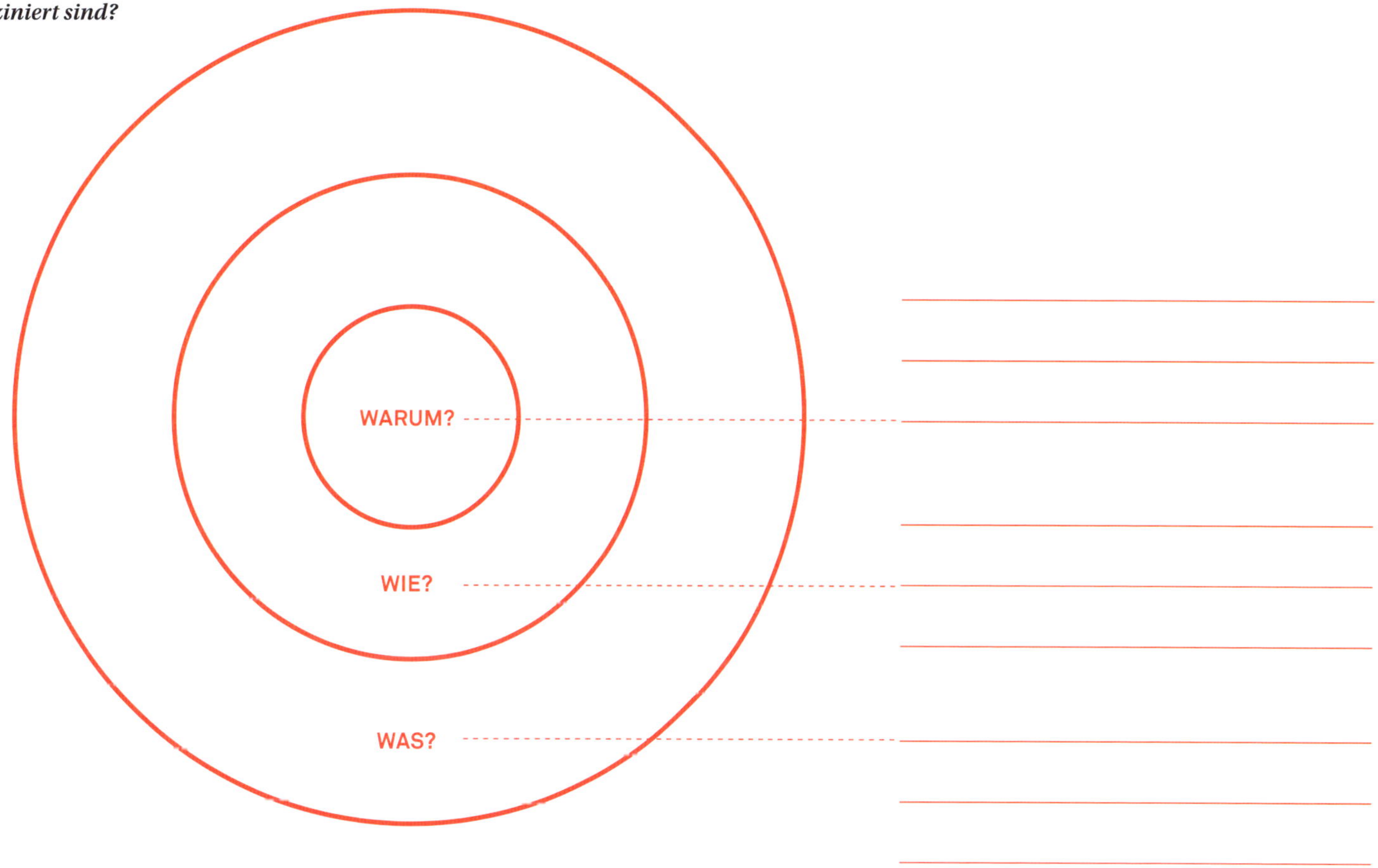

Das Unternehmen als Maschine Was ist sein Raum? Wo wirken Trends?

Stellen Sie sich vor, ein Unternehmen wäre eine Maschine und die Welt ein Maschinenraum. Der Begriff der Maschine bezeichnet hier das Ganze: jeder Mensch, jedes Blatt Papier, jeder Computer, jedes Netzwerk, Gebäude, die Kunden, Lieferanten, Berater, die direkte Umgebung, ja selbst die Müllabfuhr... alles ist Teil der Maschine, alles wirkt zusammen.

Nehmen Sie dieses Bild von der Maschine und wenden Sie es auf Ihr Unternehmen an, werden Sie es plötzlich ganz anders betrachten: Sie treten aus Ihrer Maschine heraus und fragen sich: Wie ist die Maschine organisiert? Ihr Blick entpersonalisiert sich, Sie fragen nicht: Wie wickelt HR die Personalfragen ab, wie steuert das Management die Firma, wie lockt das Marketing die Kunden? Sondern: Wie steuert SICH das Unternehmen - was sind die **Wirkkräfte** und **Mechanismen?** Sie können das Unternehmen als offenes System betrachten und über Selbstwirksamkeiten und Automatismen sprechen, ohne sich mit der inneren Politik des Unternehmens und der Frage „Wer macht was richtig oder falsch?" aufzuhalten. Sie können direkt hinschauen: **Wie ist diese Maschine angebunden an die Umwelt, in der sie wirkt?**

Die Beobachtungsebene für unternehmensrelevante Trends ist die Gesellschaft, doch genau diese Perspektive kommt im Unternehmensalltag meist zu kurz. Unternehmen SIND als Teil der Maschine schon Teil der Umwelt, die Gesellschaft wirkt schon untrennbar in das Unternehmen hinein. Es gibt kein „wir drinnen" und „die da draußen". Alles gehört zur Gesamtmaschine. So stellt sich die Frage: Wie sind Bewegungen in der Umwelt - wir sagen Trends - in Bewegung im Unternehmen übersetzt? Was ist durch welche Mechanismen quasi „von allein" im Unternehmen, was gilt es grundlegend zu initiieren?

Ein Beispiel: Menschen nutzen privat jede Menge Smart Tools, arbeiten in vielen Firmen jedoch mit alten Computern. Die Marketingabteilung aber zerbricht sich den Kopf darüber, wie eine brandneue App für die Kunden aussehen könnte. Das ist, im Sinne der Maschine gedacht, sinnlos. Denn wenn Smart Tools wie die App als Kultur nicht im Haus angelegt sind, nicht von der „Gesellschaft im Unternehmen“ wahrgenommen werden dürfen und nicht aus den Wirkkräften und Mechanismen der Maschine selbst heraus entstehen, werden sie auch im vermeintlich davon unabhängigen Außen nicht wirken können.

Rein betriebswirtschaftlich gesehen müsste der Chef die Maschine an dieser Stelle steuern und Apps verordnen. Diese punktuelle Veränderung wird jedoch keine Wirkung auf die Maschine haben, wenn der Rest der Unternehmensausstattung weiterhin technisch hinterherhinkt. Dann entstehen lediglich effektlose Schleifen in der Maschine. Viele Ideen-Workshops und Kreativ-Therapien tun dasselbe: Die Menschen darin haben Spaß, entleeren ihre Gehirne und verdrahten sich. Andere gründen eine eigene Abteilung, die dann – isoliert und fernab vom Tagesgeschäft – über die „Super-App” nachdenken soll. Doch damit berühren sie die Maschine nicht in ihrer Wirkung. Sie tun so, als gäbe es diese Maschine nicht. So entstehen negative Wirkungen, obwohl man etwas Positives beabsichtigt.

Culture eats strategy for breakfast: Wie können diese Trends wirksam im Sinne des Unternehmens genutzt werden – und nicht nur als Störfaktoren auftreten? Es geht um **zeitige Wahrnehmung und Adaption eines Unternehmens an Veränderungen, die längst da sind** und nicht irgendwann kommen. **Zukunft ist nicht „vor“ uns, Zukunft ist „um“ uns.** Die Messlatte eines Unternehmens ist seine Fähigkeit, diese Trends zu erkennen und zu deuten. Für diesen Zweck bieten wir Ihnen ein Modell zur Selbst-Orientierung und Trend-Lokalisation, mit dem Sie einen Blick auf Ihre eigene Maschine werfen können.

Kontext: Wo der Wandel entsteht

Alles hängt zusammen –
kennen Sie alle Teile Ihrer Maschine?
Was blendet ihr Business-Ansatz aus?

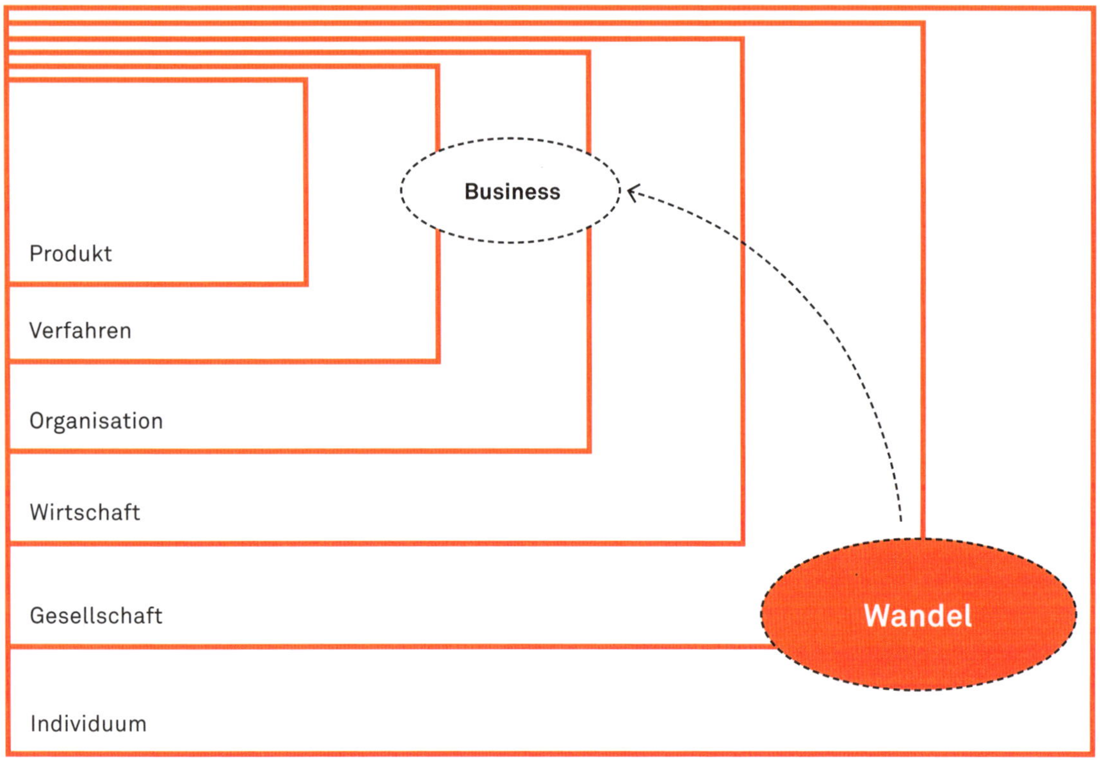

Das Modell Form of the Firm

Um sich selbst im Raum zu orientieren, benutzen wir ein Modell, das alle Teile der vorher beschriebenen „Maschine“ abbildet.

Modelle helfen, sich temporär im Raum zu verankern und zu orientieren, auch wenn sie die Verortungspunkte vereinfachen. Modelle sind Hilfskonstruktionen. Sie sind Worktools, keine Religion. Während der Golden Circle hilft, die Vision, den Ur-Antrieb der Maschine „Unternehmen” zu beschreiben, gilt es im nächsten Schritt, den Kontext des Unternehmens zu fassen.

Dafür lässt sich die Formtheorie oder „Formanalyse“ nutzen. Dabei werden die verschiedenen Ebenen eines Systems in einen Unterscheidungskontext gebracht, um sie einzeln wahrnehmen zu können. Denn erst wenn wir etwas formal unterscheiden können, können wir es auch wieder zusammenfügen und die Beziehungen verstehen, in denen die verschiedenen Ebenen aufeinander wirken.

Der „Erfinder“ der Formtheorie war der britische Mathematiker und Universal-Denker George Spencer-Brown, der 1969 das hier dargestellte Denk- und Aussagensystem veröffentlichte. Das Modell der Form of the Firm, das der Soziologe Dirk Baecker daraus entwickelt hat, ist das empfohlene Modell zur Kontextbeschreibung des Unternehmens, denn

→ es umfasst den gesamten Raum, in dem sich das Unternehmen bewegt bzw. bewegen muss

→ es macht Schwerpunkte und auch Schwachpunkte bzw. blinde Flecken sichtbar

→ es zeigt damit die Druckpunkte für strategische Positionierung und entsprechendes Agieren auf

Wir nutzen die Formtheorie an dieser Stelle als Inspiration und verwenden lediglich eine vereinfachte Variante.

Weiterreichende Literatur zur Formtheorie und ihrer Anwendung im Unternehmenskontext z.B.: Silke Seemann, „Organisationales Spielen in Form gebracht. Denkhilfen für dynamische Situationen in hyperkomplexen Umwelten“. Kulturverlag Kadmos Berlin (22. Juli 2010)

Dirk Baecker, Die Form des Unternehmens. Suhrkamp Verlag; 2. Auflage (22. November 1999)

Kontextanalyse

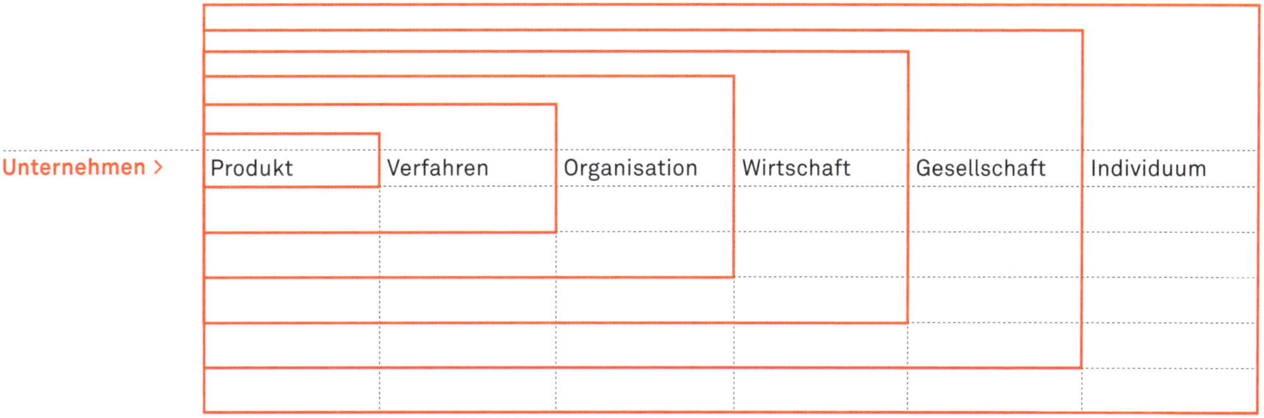

Das Modell zeigt Ihnen die sechs wichtigsten Ebenen, deren Unterscheidung für den Blick auf Ihr Unternehmen relevant ist.

Ihre innere Komplexität bringt viele Unternehmen dazu, bei der Entwicklung einer Neu-ausrichtung in der Beschäftigung mit den „inneren Bedingungen" zu verharren, mit den Produkten, Verfahren und der Organisation. Wenn Sie eine zukunftsweisende Unternehmensentscheidung treffen wollen, müssen Sie Ihren Blick aber deutlich weiten – der Wandel, der auf diese Ebenen wirkt, passiert in den Kontextfeldern um Sie herum. Trends etwa entstehen in den Köpfen und dem Verhalten der einzelnen Individuen und wachsen in der Gesellschaft, bevor sie unmittelbar die Wirtschaft und Ihr Unternehmen berühren.

Das bedeutet: Unternehmen können sich nicht getrennt von der Gesellschaft betrachten, denn sie sind Teil davon. Märkte sind nicht die Gesellschaft, aber sie werden von den Wellen aus der Gesellschaft beeinflusst und verändert – die Sharing-Kultur ist ein Paradebeispiel dafür.

Also: Wer die Trends, die von der Gesellschaft ausgehen, zuerst erkennt, kann auch die Märkte zuerst gestalten. Das kann der entscheidende Vorsprung sein.

Kontextanalyse am Beispiel eines Hotels

Unternehmen >	Produkt	Verfahren	Organisation	Wirtschaft	Gesellschaft	Individuum
Ist Situation	Zimmer zur Übernachtung, Bewirtung und Services drumherum	direkte Ansprache über alle Kanäle möglich Meta-Booking Plattformen	HR-Themen, Finanzsituation, Suche nach Alleinstellungsmerkmal	bisher: klares Geschäftsfeld, Konkurrenz schwach; jetzt: Couch surfing, AirBnB als Herausforderung	ist sehr mobil; Hotelbedarf nimmt zu: hohe Anzahl an Arbeitsnomaden, wie auch Entspannungssuchern	Hotels werden oft als zu teuer oder zu unpersönlich wahrgenommen

DER KONTEXT IHRES UNTERNEHMENS

—

Personalisieren Sie Ihre Kontextanalyse!

Nach einer freien Themensammlung tragen Sie diese in die Kontextanalyse ein. Welches Thema berührt welche Ebene? Sie können erkennen, wo sich Ihr Denken, Ihre Strategien und Leistungen konzentrieren. Zudem werden Ihre Stärken und Schwächen genauso ersichtlich wie blinde Flecken.

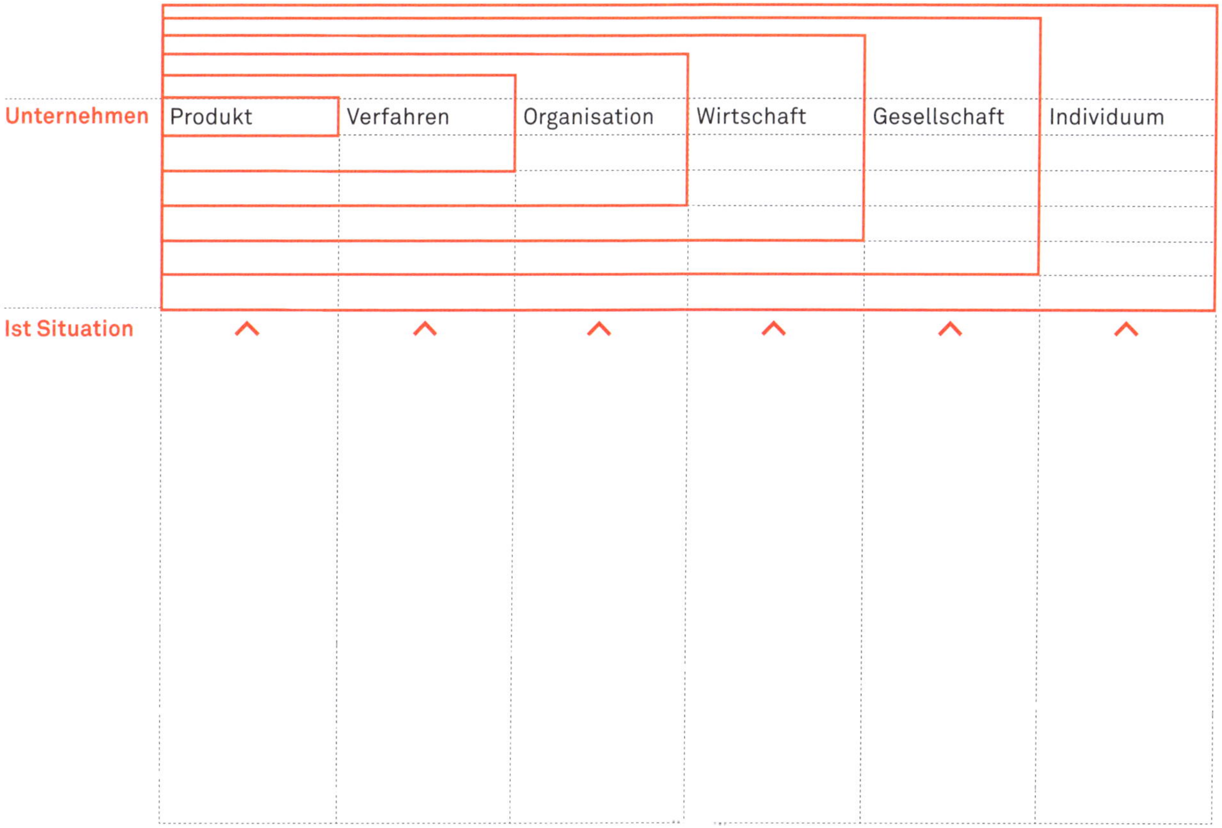

Schauen Sie dazu als Hilfestellung auch nochmals auf Ihre Notizen zum Einstieg des Kapitels (s.S. 81 – Wo liegen Ihre Stärken?).

MEIN BESTER FEIND: VERSUCH EINER SELBSTKANNIBALISIERUNG

—

War-Gaming

Betrachten Sie nun Ihre ausgefüllte Form und führen Sie ein wenig War-Gaming zur Verbesserung Ihrer Widerstands- und Reaktionsfähigkeit durch: Stellen Sie sich vor, dass ein Start-up bereits an einem radikalen neuen Marktzugang im Kerngeschäft Ihres Unternehmens arbeitet (was durchaus Realität sein kann).

Wie würden Sie die Ist-Situation Ihres Unternehmens und Ihres Geschäftsmodells beurteilen, wenn Sie davon ausgehen müssten, dass Ihr Produkt und möglicherweise auch Ihre Verfahren plötzlich veralten oder obsolet werden? Wo liegen in dem Moment Ihre Schwachpunkte? Wie können Sie Ihren Produkten und Verfahren und somit Ihrem Unternehmen am meisten Schaden zufügen? Was sind nötige Schritte und Zukunftsideen für Ihr Unternehmen, um diesen Schaden abzuwenden?

Ansätze & Ideen

Denken Sie auch beim Ausfüllen der Form-Vorlage daran, dass Ihre eigene Wahrnehmung das Ergebnis stark beeinflusst. Füllen Sie die Form daher am besten gemeinsam mit Kollegen aus und betrachten Sie Ihre Ist-Situation noch einmal aus einer anderen Perspektive: Nutzen Sie dazu den weiten oder langen Blick und Ihre dazugehörigen Notizen von S. 65 und S. 71, um die Form zu ergänzen.

DENKEN WIE EIN START-UP

—

Kontextanalyse aus der Sicht des Angreifers

Treiben Sie das War-Gaming noch ein Stück weiter und nehmen Sie nun nochmals eine leere Form-Vorlage. Stellen Sie sich vor, Sie seien ein Start-up, das sich in Ihrem Kerngeschäft an die Spitze drängen will. Welche neuen Produkte, Verfahren, Organisationsstrukturen würde es dazu benötigen? Welche Bedürfnisse in der Gesellschaft würden so beantwortet?

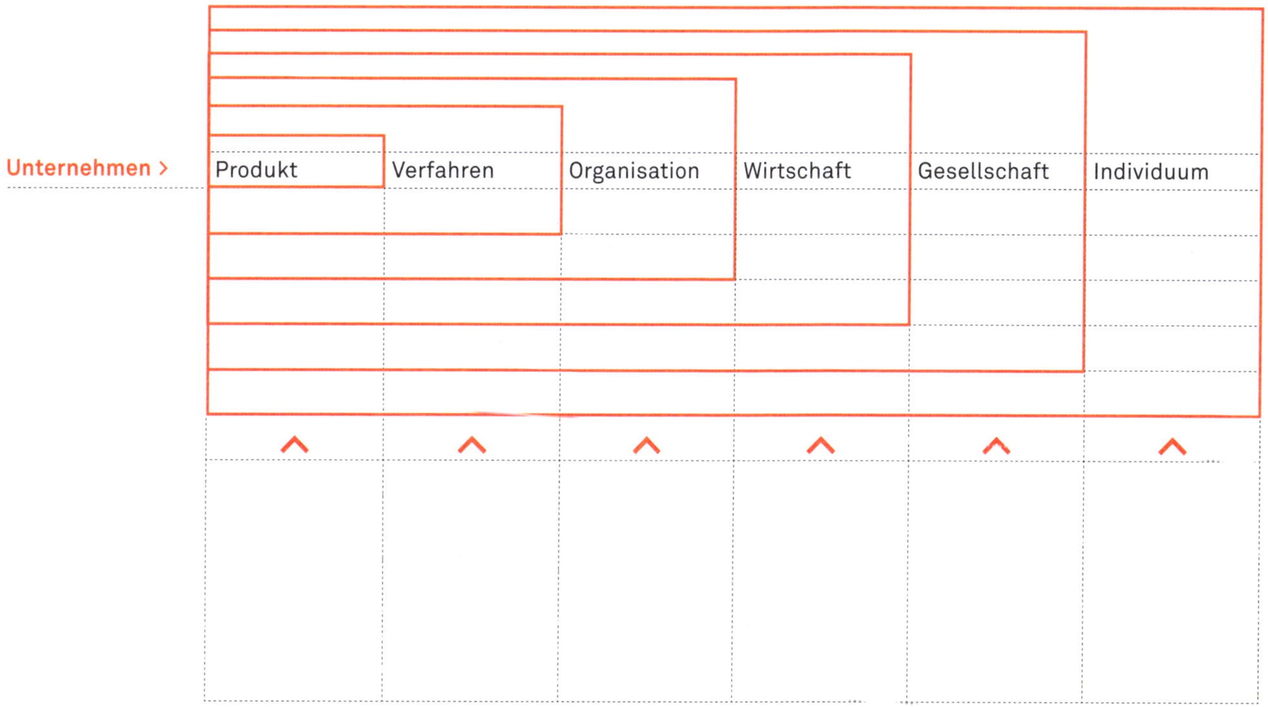

BLINDE FLECKEN – NEUE CHANCEN

Betrachten Sie nun nochmals die Kontextverortung Ihres Unternehmens.

Notieren Sie daraus abgeleitet Ihre Blind Spots. Was haben Sie bisher auf den Ebenen von Produkt, Verfahren, Organisation, Wirtschaft, Gesellschaft und Individuum nicht im Fokus gehabt?

Denken Sie an Ihre Stärken, die Sie auch auf S.81 bereits notiert haben. Wo können sich in diesem Spannungsfeld neue Chancen und Potenziale ergeben?

Welche konkreten Ideen und Ansätze zur Umsetzung entstehen aus den Chancen?

Was hindert die Umsetzung derzeit noch?

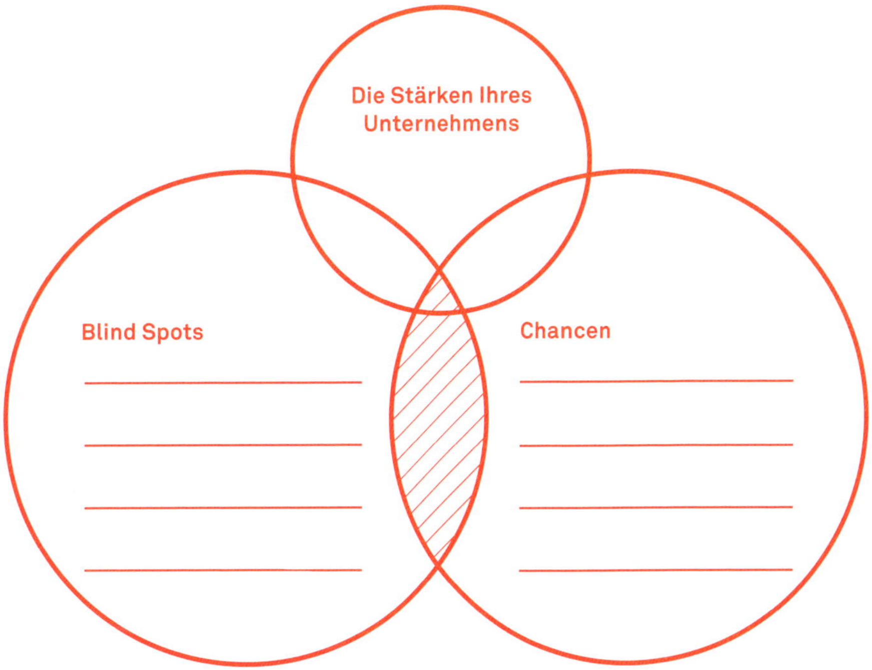

Welche konkreten Ideen & Ansätze zur Umsetzung entstehen aus den Chancen?

Was hindert die Umsetzung derzeit noch?

RICHTUNGEN BEURTEILEN

—

Werden Sie nun beweglich! Wohin soll es gehen? Verorten Sie Ihre Ideen. Welche der vorhin entwickelten Ideen könnte ein großes Potenzial zur Veränderung von Markt und Branche haben? Wie hoch ist die unternehmensinterne Umsetzungsschwelle?

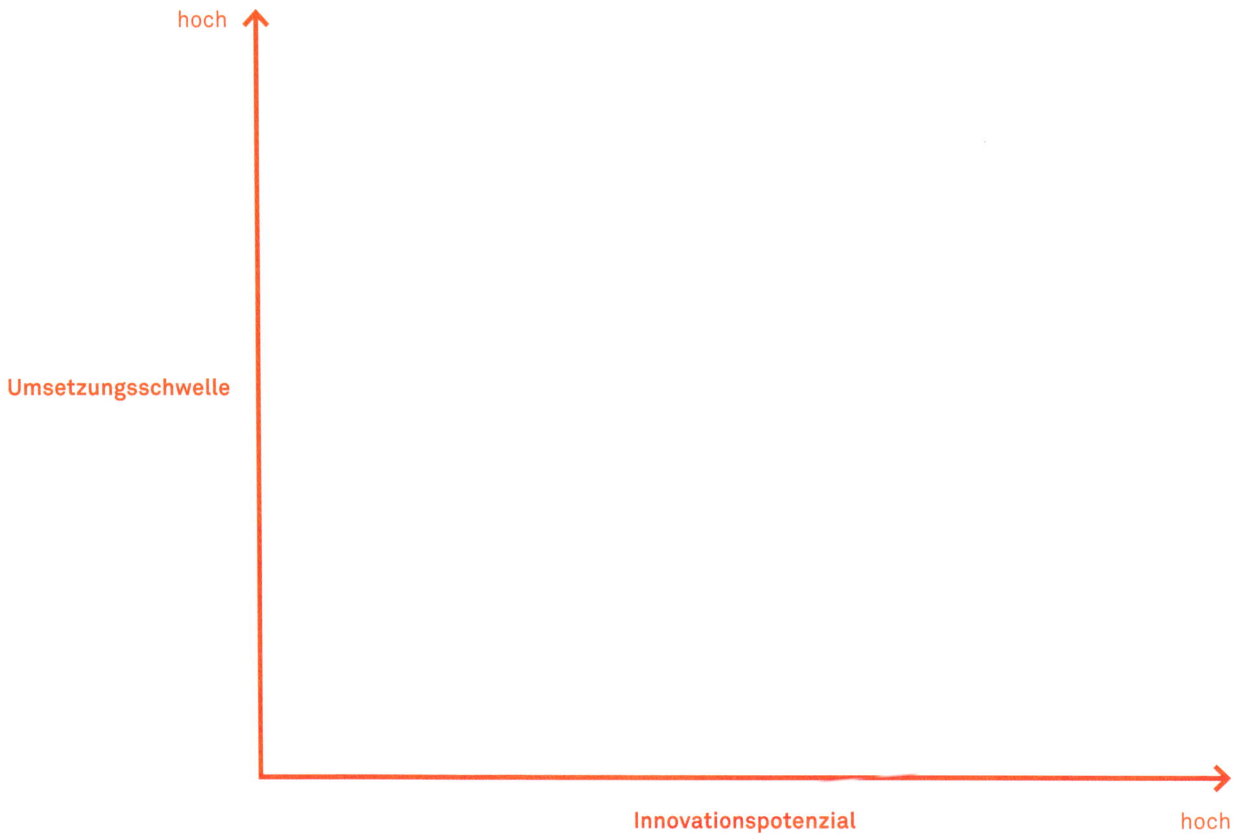

IDEE WIRD INNOVATION

—

Selektieren Sie im Anschluss Ihre Top-3-Ideen und notieren Sie konkrete Next Steps/Änderungen/ Maßnahmen, die dazu im Sinne der Kontextanalyse auf Produkt-/ Verfahrens-/Organisations-Ebene geändert werden müssen:

1.

2.

3.

Next Steps, Änderungen, Maßnahmen zur Umsetzung

der Idee ______________________ auf:

Produktebene: ______________________

Verfahrensebene: ______________________

Organisationsebene: ______________________

QUINTESSENZ

Wie Sie die Koordinaten Ihres Unternehmens bestimmen:

→ Klären Sie das Warum, die Werte und den Auftrag Ihres Unternehmens, bevor Sie sich an eine Strategie machen.

→ Erfassen und beurteilen Sie stets den gesamten Kontext, in dem Ihr Unternehmen steht – das Modell der Form of the Firm hilft Ihnen dabei.

→ Erkennen Sie mit dem Form-of-the-Firm-Modell die blinden Flecken Ihres Unternehmens. Mit diesem Wissen können Sie Ihre Stärken in Chancen übersetzen.

Ihre Gedanken:

Ihre Gedanken:

Die drei wichtigsten Erkenntnisse

- → Vor jeder Veränderung steht eine Standortbestimmung – inklusive der konkreten Berücksichtigung Ihrer Stärken und der Ableitung Ihrer Blind Spots.
- → Ihr Unternehmen ist weit mehr als die Summe seiner Produkte, Verfahren und Organisationsstrukturen: Wirtschaft, Gesellschaft und Individuum stehen in enger Wechselwirkung dazu.
- → Wenn Sie wissen wollen, wie ein Trend wirkt, müssen Sie seinen Effekt auf allen Ebenen betrachten (Produkt, Verfahren, Organisation, Wirtschaft, Gesellschaft und Individuum).

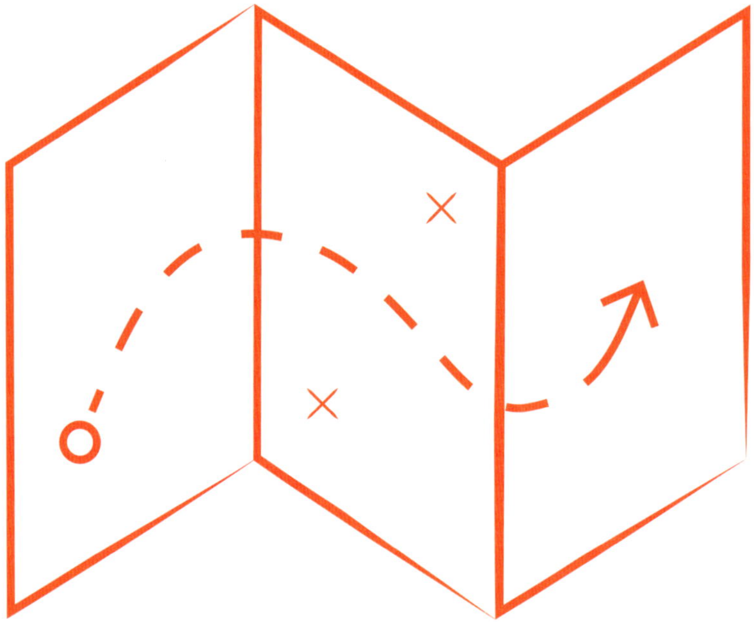

04

NEU AUSRICHTEN

—

Ihre Trend-Map

Warum Sie dieses Kapitel brauchen

larheit im Raum –
rientierung im Schaum

*ie haben bereits konkrete Anre-
ung bekommen, wie Sie Ihr Sehen
veiten können. Wie Sie mehr vom
aum wahrnehmen können und
lind Spots ausmachen.*

*ie haben nun erarbeitet, wo Sie
tehen, welche Stärken Sie haben
nd welche Potenziale Ihnen bei
ler Wahl einer Richtung für Ihr
Jnternehmen helfen. Nun geht es
m den Feinschliff.*

*ie Orientierungsgeber und die
avigationshelfer: Trends*

Das erfahren Sie hier:

→ Was ist ein Trend und welche Relevanz hat er für Sie?

→ Wie wirkt er auf Ihr Unternehmen?

→ Wie können Sie Vorteile daraus gewinnen?

Was ist ein Signal, was ist Lärm?

—

Die Welt, in der sich Ihr Unternehmen bewegt, scheint unübersichtlich und überkomplex. Täglich überrollt uns eine Flut an Informationen und Meinungen.

Zwischen Signal und Lärm unterscheiden zu können ist heute essentiell. Es wird viel gehypt, aber ein Trend ist etwas anderes.

Signal=Trend

Lärm=Hype

Ein Trend ist ein Leuchtturm, ein Hype ist nur eine Sternschnuppe.

„Manchmal führt einfach die Erfindung eines guten Namens für ein Phänomen dazu, dass wir die Wirklichkeit so lange im Kopf herumdrehen, bis wir sie verstehen."

Daniel Dennett,
US-amerikanischer Philosoph

Trendbegriffe als Signale: Mythen, Fallen, richtiger Umgang

Trendbegriffe sind Signale und Orientierungspunkte, die aus dem Lärm heraustreten. Was aber sind sie genau?

→ Trendbegriffe unterscheiden sich von anderen Begriffen dadurch, dass sie semantische Leerstellen besetzen – sie sind Begriff für etwas, das noch nicht wahrgenommen und erkannt ist, aber für die Zukunft vorstellbar ist.

→ Trendbegriffe können ihre Eigenschaft als Signal mit der Zeit auch wieder verlieren. Ein Beispiel ist Cocooning: Kaum ein Bericht zur Zukunft des Wohnens kommt ohne den in den Achtzigern entwickelten Begriff aus. Dabei ist er schon längst überholt. Oder Selfness: Ein Begriff, der sich verselbstständigt hat und heute als Angebot von Wellnesshotels missverstanden wird.

→ Notwendig ist eine permanente Revision von Trends und ihren Begriffen. Um sie zur richtigen Zeit am richtigen Ort anwenden zu können.

„Wer als Werkzeug nur einen Hammer hat, sieht in jedem Problem einen Nagel."

Paul Watzlawick, österreichisch-amerikanischer Psychotherapeut und Kommunikationswissenschaftler, Impulsgeber der modernen systemischen Psychotherapie

Bei Trends heißt das: Wer nur einen Trend sieht, für den fährt die ganze Welt in eine Richtung. Eine Dimension allein reicht nicht aus.

HYPE-RADAR

—

Welche Begriffe fallen Ihnen spontan ein, die durch Marketing und Medien in letzter Zeit ganz allgemein gehypt wurden und schnell wieder erloschen sind?

Welche Begriffe sind momentan fester, gehypter Bestandteil Ihres Branchenumfelds – und engen Ihren Blick auf Zukunftsfragen eventuell ein?

Arbeiten mit Trend-Begriffen

—

Die Megatrend-Map mit ihren vielen Trend-Begriffen kennen Sie schon aus Kapitel 1 (Seite 18). Hier zeigen wir Ihnen, wie Sie aus dem Rauschen sinnvoll selektieren, die wichtigen Signale erkennen und damit handlungsfähig werden können.

Die Megatrend-Map als Arbeitshilfe für den Geist

Worauf wir unseren Blick lenken, hängt davon ab, wonach wir suchen. **Unser bewusstes Denken lebt von der Reduktion;** in jedem Moment der Konzentration werden die Einflüsse rundherum ausgeblendet. Doch sie verschwinden natürlich nicht.

Sich immer wieder daran zu erinnern und den Blick zu öffnen - sich im Lärm immer wieder neu auf die Suche nach den für Sie wichtigen Signalen zu machen –, dazu dient die Megatrend-Map mit der Vielzahl an Trendbegriffen. Sie liefert ein jederzeit abrufbares Gesamtbild. Sie erinnert daran, dass um eine Fragestellung herum eine Welt besteht, die verbunden ist mit allem, worüber wir im Speziellen gerade nachdenken. Sie ist ein Tool, auf das sich Überlegungen immer wieder rückbeziehen lassen, um zu prüfen, ob man nicht wesentliche Faktoren vergessen hat.

Während die Megatrends den **Wahrscheinlichkeitsraum** für Neues aufspannen, markieren die vielen kleinen Trendbegriffe **konkret fassbare Veränderungen** - neue Entwicklungen, Ideen und Verhaltensweisen, auf die wir mit dem Finger zeigen können. Sie sind auf dieser Map dynamisch zu verstehen als Begriffe, die es immer wieder neu zu überprüfen gilt. Sie geben Einblick in die heutige Gesellschaft und dienen als Anregung, über die bestehenden Begriffe hinaus zu denken und mit offenem Blick für weitere Trends in die Welt zu schauen.

Eigenschaften von Megatrends und Trendphänomenen im Vergleich:

Megatrends – die „Linien" auf der Map:
– Halbwertszeit von 20–50 Jahren
– Ubiquitär: betreffen Gesellschaft, Politik, Wirtschaft und Wissenschaft gleichermaßen
- Wirken global

Trendphänomene – die „Haltestellen" auf der Map:
– Besetzen semantische Leerstellen

Trendphänomene und Trendbegriffe können ihre Eigenschaft als Signal mit der Zeit auch wieder verlieren – sie haben eine wesentlich kürzere Entfaltungsdauer als Megatrends

Notwendigkeit: permanente Revision von Trends und ihren Begriffen

TREND-CHECK

—

Überprüfen Sie das Zukunftspotenzial Ihrer Top-3-Ideen, welche Sie am Ende des dritten Kapitels entwickelt haben.

Welche Trendphänomene auf der Megatrend-Map befördern die einzelnen Ideen? Ändert sich das Ranking Ihrer Ideen dadurch? *(s. Megatrend-Map S.18)*

Ideen:		Megatrends und Trendphänomene:
1.	>	
2.	>	
3.	>	

Ihr neues Ranking:

Megatrend–Einflüsse auf Ihr Unternehmen

—

Nun, da Sie sich bereits mit der Megatrend-Map vertraut gemacht haben, geht es darum, zu identifizieren, welche großen gesellschaftlichen Bewegungen in Ihrem Wahrnehmungsfeld für Sie besonders relevant sind und welche vernachlässigbar sind. Schauen Sie sich das Beispiel rechts an und widmen Sie sich dann der Übung auf der nächsten Seite.

- Individualisierung
- Gender Shift
- Silver Society
- Wissenskultur
- New Work
- Gesundheit
- Neo-Ökologie
- Konnektivität
- Globalisierung
- Urbanisierung
- Mobilität
- Sicherheit

Beispiel:
Megatrend Gesundheit, Unternehmen: Fast-Food-Restaurant

Produkt	Verfahren	Organisation	Wirtschaft	Gesellschaft	Individuum
Slow (Fast) Food	Regionale Zutaten, sehr individuelle, zeitintensive Zubereitung von Gerichten	Das Restaurant muss in Design und auf Prozess- und Mitarbeiterebene Wohlfühlfaktor und Entschleunigung vermitteln (natürliche Materialien)	Neue Genussmärkte entstehen	Achtsamkeitsbewegung	Wunsch nach Entschleunigung, Fokussierung, gesunder Ernährung

MEGATREND–IMPACT

—

Nehmen Sie nun zwei Megatrends Ihrer Wahl und überlegen Sie, wo und in welcher Art diese auf den verschiedenen Ebenen Ihres Unternehmens wirken. Welche Veränderungen werden dadurch spürbar?

Die Vorlage auf dieser Seite bietet Ihnen die Möglichkeit, die Wirkung der Megatrends auf Ihr Unternehmen zu testen. Füllen Sie im Sinne der Fokussierung nicht sofort alle aus, sondern beschränken Sie sich ruhig zunächst auf zwei Megatrends. Es geht zum Start auch nur mit einem einzelnen Megatrend. Kehren Sie in einer anderen Situation zu diesem Workbook zurück, um Ihr Unternehmen auf weitere Megatrend-Impacts hin zu testen.

Megatrend 1:

Produkt	Verfahren	Organisation	Wirtschaft	Gesellschaft	Individuum

Megatrend 2:

Produkt	Verfahren	Organisation	Wirtschaft	Gesellschaft	Individuum

GESUNDHEIT
SPORTIVITY
DETOXING
KOMPLEMENTÄR-MEDIZIN
LEBENSQUALITÄT
INDIVIDUALISIERUNG
SINGLE-GESELLSCHAFT
SILVER SOCIETY
DOWNAGING
AGELESS CONSUMING
FOREVER YOUNGSTERS
SICHERHEIT
SUPER-SAFE-SOCIETY
TRUST TECHNOLOGY
TRANSPARENZ-MÄRKTE
NEO-ÖKOLOGIE
NACHHALTIGKEITS-GESELLSCHAFT
POST-CARBON-GESELLSCHAFT
BIO-BOOM
GUTBÜRGER
GENDER SHIFT
SUPERDADDYS
ALPHA-SOFTIES
SEX-DESIGN
PROLL-PROFESSIONALS
WORK-LIFE-BLENDING
SILVER SOCIETY
UNIVERSAL DESIGN
GESUNDHEIT
ACHTSAMKEIT
LEBENS-ENERGIE
FOODIES
HEALTHNESS
SILVER POTENTIALS
CORPORATE HEALTH
NEW WORK
WORK-DESIGN
OUTSOURCING-GESELLSCHAFT
START-UP-CULTURE
SLASH-SLASH-BIOGRAFIEN
PERMANENT BETA
SELF-TRACKING
E-HEALTH
AMBIENT-ASSISTED-LIVING
SLOW CULTURE
GAMIFICATION
PREDICTIVE ANALYTICS
DIGITAL REPUTATION
IDENTITÄTS-MANAGEMENT
ME-CLOUD
SMALL-WORLD-NETWORKS
MAKER-MOVEMENT
DIVERSITY
LIQUID YOUTH
WISSENSKULTUR
MULTIGRAFIE
NEUGIER-MANAGEMENT
MASSIVE OPEN ONLINE COURSE
PRIVACY
BILDUNGSBUSINESS
TALENTISMUS
KOLLABORATION
SHARING ECONOMY
FEMALE SHIFT
LIFELONG LEARNING
TUTORIAL LEARNING
CREATIVITEENS
GENDER SHIFT
INFORMATION DESIGN
MULTIPOLARE WELTORDNUNG
CYBERCRIME
OPEN INNOVATION
SOCIAL BUSINESS
WOMANOMICS
BIG DATA
ON-DEMAND BUSINESS
PHASEN-FAMILIEN
OPEN SCIENCE
GLOKALISIERUNG
INDUSTRIE 4.0
POSTWACHSTUMS-ÖKONOMIE
REGENBOGEN-FAMILIEN
POP-UP-MONEY
FAIR TRADE
TIGER-WOMEN
NEUE MÜTTER
NEARSHORING
SCHATTEN-ÖKONOMIE
SERVICE-ÖKONOMIE
CO-WORKING
WISSENSKULTUR
GLOBALISIERUNG
FLEXICURITY
SWAPPING
WIR-KULTUR
FINTECH
RISING AFRICA
ANTIFRAGILITÄT
SMART DEVICES
SOCIAL NETWORKS
ZERO WASTE
INTERNET DER DINGE
KONNEKTIVITÄT
INDIVIDUALISIERUNG
MOBILITÄT
CROWDFUNDING
WELTMACHT CHINA
24/7-GESELLSCHAFT
SICHERHEIT
SIMPLEXITY
GREEN TECH
CARSHARING
MEGACITYS
GLOBAL CITYS
SMART CITYS
LANDFLUCHT
SCHRUMPFENDE STÄDTE
URBANISIERUNG
E-COMMERCE
AUTONOMES FAHREN
URBAN MANUFACTURING
URBAN MINING
URBAN FARMING
MIGRATION
KONNEKTIVITÄT
REAL DIGITAL
AUGMENTED REALITY
THIRD PLACES
POWER OF PLACE
E-MOBILITY
BIKE-BOOM
WEARABLES
LANGSAM-VERKEHR
GLOBALISIERUNG
BEVÖLKERUNGS-WACHSTUM
KREATIV-ÖKONOMIE
CIRCULAR ECONOMY
MOBILITÄT
URBANISIERUNG
COLLABORATIVE LIVING
NEW WORK
NEO-ÖKOLOGIE
UNTERWEGS-MÄRKTE
MOBILE COMMERCE
MIXED MOBILITY
END-TO-END TOURISMUS

TRENDPHÄNOMENE IM FOKUS

—

Nun, da Sie die Wirkkraft der Megatrends auf die einzelnen Ebenen Ihres Unternehmens getestet haben, geht es in dieser Übung um die Betrachtung punktueller Trend-Phänomene von der Megatrend-Map. Wählen Sie solche Trend-Phänomene („Haltestellen" auf der Megatrend-Map), die Ihnen momentan als besonders interessant und relevant vorkommen, da diese Ihre Stärken und Potenziale befördern könnten. Wie wirkt sich das Trendphänomen auf die einzelnen Ebenen (Produkt, Verfahren, Organisation, Wirtschaft etc.) aus?

	Produkt	Verfahren	Organisation	Wirtschaft	Gesellschaft	Individuum
Trendphänomen 1:						
Trendphänomen 2:						
Trendphänomen 3:						

Trend-Evolution

—

Trends befinden sich in einer permanenten Evolutionsschleife. Wenn Sie wissen, wie dieser ständige Prozess verläuft, können Sie den Wandel von Trends besser erfassen.

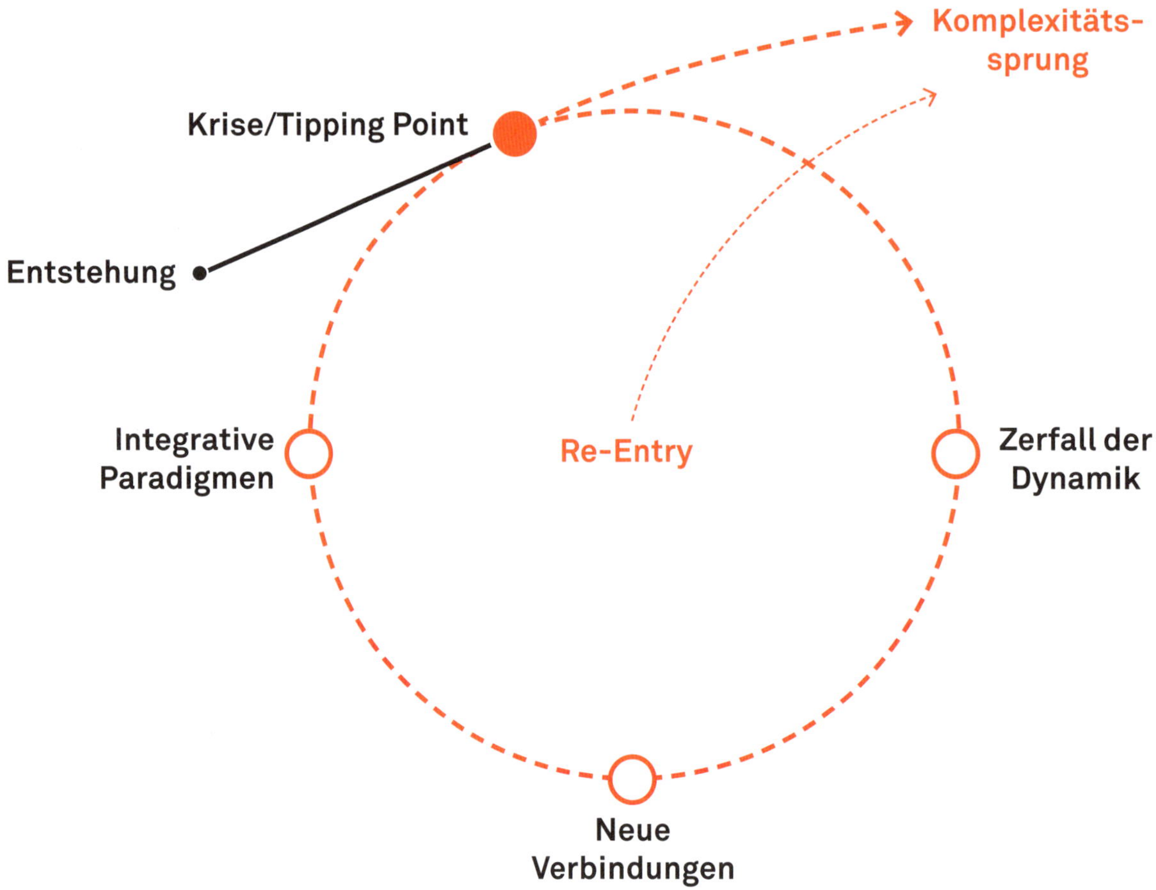

Klar ist: Trends entwickeln sich nicht linear, sondern stehen selbst unter dem Einfluss der Veränderungen, die sie in der Gesellschaft erzeugen.

Wie verändern sich Trends?

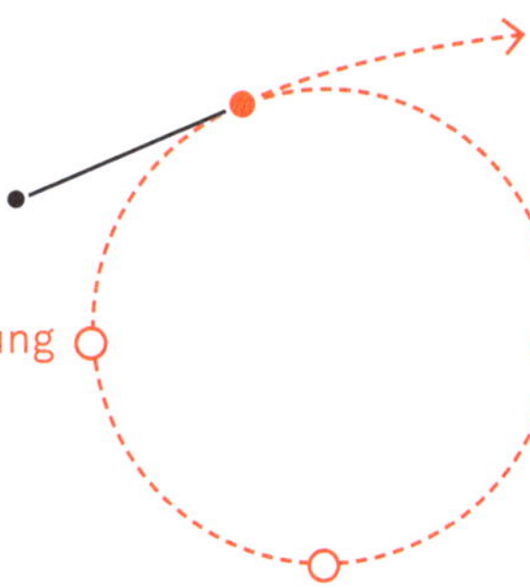

Jeder Trend erzeugt eine Gegenbewegung, die entweder als direkter Gegentrend zu verstehen ist oder als eine aus dem Trend hervorgegangene Bewegung, die Auflösungen und neue Verbindungen befördert. Der Impuls des Trends sinkt ab, es kommt zum Zerfall der Dynamik. Aber der ursprüngliche Impuls ist nicht einfach verschwunden – das System, in dem sich Trend und Gegentrend bewegen, beginnt vielmehr zu reagieren: Aus den beiden Trends entsteht – möglicherweise nach einer Krise – etwas Drittes, eine neue Bewegung, die die vorherigen Widersprüche in sich vereint und damit auf eine höhere Komplexitätsstufe springt. Mit diesen Trend-Entwicklungen gehen veränderte Bedürfnisse der Menschen einher, die neue wirtschaftliche Paradigmen erzeugen. Trends bleiben nicht stehen, sie sind immer in Bewegung, die Gesellschaft treibt sie in ihrer ständigen inneren Evolution an.

Ein Beispiel für den Trend-Wandel:
Silver Society – Downaging: Wenn Menschen immer älter werden, werden sie gleichzeitig subjektiv jünger. Dieser Downaging-Effekt findet statt, wenn sich die biographischen Muster ändern. Wir wissen aus der Altersforschung, dass heute das subjektive, gefühlte Alter der Menschen etwa sieben Jahre unterhalb der letzten Generation liegt. 50-Jährige sind so fit wie 43-Jährige vor 30 Jahren. Der Trend „Alterung“ erzeugt den Gegentrend „subjektive Verjüngung“; daraus entsteht der Downaging-Effekt.

Trend-These 1:
Nach dem Wachstum: Mehr Netzwerk und Plattform

—

Navigieren mit der Megatrend-Evolution: 10 Hot Spots der Zukunft

In Deutschland und Europa werden wir es weiterhin mit zurückgehenden Wachstumsraten zu tun haben. Die durch die Megatrends **Globalisierung** und **Konnektivität** geprägte Weltwirtschaft wächst zwar weiter, aber deutlich langsamer. Das heißt nicht, dass Unternehmen nicht mehr wachsen können. Aber sie brauchen dafür neue Geschäftsmodelle – mit mehr Sinn, aber weniger Zweck. Nicht an der Verkaufssteigerung, sondern an der Problemlösung orientiert.

Unter diesen Bedingungen entstehen neue Formen der Zusammenarbeit: Statt der Konkurrenz um Marktfelder beginnen die Konkurrenten miteinander zu kooperieren, um zu wirklich disruptiven Ideen zu kommen. Plattform-Politik ist der Schlüssel zu **Coopetition**: Wo Hightech-Labore, Fertigungsstätten und das Wissen über Grundlagentechnologien miteinander geteilt werden, entstehen hocheffiziente Wertschöpfungsketten und Fertigungsnetzwerke sowie eine neue Qualität von Innovationen. Noch ein neues Paradigma: Wer die **Plattform** hat, braucht keine Infrastruktur – AirBnB und Uber steigen zu globalen Marktführern auf, ohne auch nur ein einziges Auto oder Hotelzimmer zu besitzen.

Unternehmen kommen gemeinsam weiter

BEST PRACTICE

Die Kooperation zwischen dem Chemie- und Pharmafabrikanten Merck und dem US-Biotech-Unternehmen MedImmune zeigt, dass gerade in Marktsegmenten, in denen der Bedarf an Kapazitäten starken Schwankungen unterworfen ist, taktvolle Zusammenarbeit eine effiziente Lösung darstellt. MedImmune darf Mercks Ausstattung zur Entwicklung mikrobieller Komponenten verwenden. Im Gegenzug hat Merck das Recht, MedImmunes Biotechnologie zu nutzen.

Wie Sie die Wirkungen von Megatrends und einzelnen Trendphänomenen auf Ihr Unternehmen und seinen Kontext erfassen, haben Sie in den vorherigen Kapiteln erfahren.

Hier bieten wir Ihnen ein kompaktes Tool, um von dort aus noch ein Stück weiter zu arbeiten und Ihren Zukunftsblick noch mehr zu weiten:

Setzen Sie die Trend-These 1 in die Übung ein und prüfen Sie die Trend-Resonanz Ihres Unternehmens.

TRENDRESONANZ TESTEN

—

Setzen Sie die Trend-These 1 in die Übung ein und prüfen Sie die Trend-Resonanz Ihres Unternehmens auf diese.

Trend-These:

Sichtbare Veränderungen im Alltag:

Veränderte Bedürfnisse:

Neue Ideen/ Ansätze Ihres Unternehmens:

Trend-These 2:
Adieu „Verbraucher" – Willkommen Prosument

Kooperation und Zusammenarbeit ist auch auf Konsumentenseite im Kommen. Der Begriff „Verbraucher" stammt aus der Blütezeit der industriellen Konsumgesellschaft. Er benennt einen passiven Käufer, einen „Abnehmer" von Waren und Dienstleistungen, der zielgruppengerecht „getargetet" werden kann. Der Glaubenssatz: Konsumenten sind immer Massen-Wesen, Verbraucher sind immer passiv.

Aber die Gesellschaft verändert die Wirtschaft: Hier treffen sich die Megatrends **Individualisierung** und **Konnektivität**, die „Zielgruppe" verschwindet in einer Vielzahl von Lebensstilen. Denn Kunden sind vielfältig kompetenter geworden: einerseits durch die Vergleichslogik des Internets, die immer Zugang zum geringsten Preis ermöglicht.
Andererseits durch schlichten Kompetenzzuwachs über Service-Medien und eigene Expertise, die online weitergegeben wird. In der nächsten Stufe fangen Kunden mehr und mehr an, Produkte und Dienstleistungen mitzugestalten, oft in Netzwerken zur gemeinsamen Nutzung oder Produktion – siehe **Wir-Kultur**: Sie werden zu **Prosumenten**. In radikalster Form produzieren sie ihr eigenes Unikat, etwa im Kontext von 3D-Druck oder kooperativen Konsumformen, sie reparieren, verwerten und vertreiben wiederum selbst.

Konstruieren statt konsumieren

BEST PRACTICE

Selbstorganisiert und gemeinsam produzieren – das ist in FabLabs (Fabrication Laboratories) möglich. Hier haben Privatpersonen Zugang zu 3D-Druckern und teils auch Laser-Cuttern oder CNC-Fräsen. Die Idee kam Anfang des Jahrtausends am MIT (Massachusetts Institute of Technology) auf. Das erste FabLab in Deutschland eröffnete in Aachen, eingerichtet von der RWTH Aachen. Inzwischen gibt es sie in den meisten großen Städten Deutschlands und auch etwa in Wien und Zürich. Persönlichen Einsatz für diese Idee zeigen auch Menschen wie der in Laos geborene deutsche Architekt Van Bo Le-Mentzel, der Bauanleitungen für einfach und billig herzustellende Möbel entworfen und kostenlos ins Netz gestellt hat. Sein Ziel: Kein Gewinn, sondern Menschen dazu ermutigen, Dinge wieder selbst in die Hand zu nehmen. „Konstruieren statt konsumieren" ist sein Motto.

TRENDRESONANZ TESTEN

—

Setzen Sie die Trend-These 2 in die Übung ein und prüfen Sie die Trend-Resonanz Ihres Unternehmens auf diese.

Trend-These:

Sichtbare Veränderungen im Alltag:

Veränderte Bedürfnisse:

Neue Ideen/ Ansätze Ihres Unternehmens:

Trend-These 3:
Create Ups: Unternehmen als Labor

Bei Create Ups gibt es ein großes spielerisches Momentum – nicht graumelierte Herren, sondern große, brillante Buben führen und gestalten die Unternehmen. Googles Zentrale sieht nicht zufällig aus wie ein Abenteuerspielplatz, und der zentrale Marktplatz heißt nicht umsonst „Google Play". Der Megatrend **Konnektivität** macht diese Form des Unternehmens erst möglich, das unternehmerische Projekt ist ein Produkt des groß gedachten Wir von Teams hochtalentierter Individualisten.

Create Ups folgen diesem Ziel. Unternehmen wie Dropbox oder Uber stellen den Mehrwert in den Vordergrund, nicht den Preis, und drehen damit das Marktprinzip um. Entscheidend ist zuerst Akzeptanz und Verbreitung, dann Profitabilität, die Story ersetzt am Start die Bilanz – da helfen oft große Risikokapital-Polster. Sehr geschickt ziehen sie Mitarbeiter an, mit dem Anspruch, Teil von etwas Größerem zu sein: So wie sie es von Urvater Steve Jobs gelernt haben: Man hält sich nicht mit selektiven Marktstrategien auf – „Change the world" ist der Schlachtruf. Sie agieren nicht mit klassischer Struktur und Hierarchie, sondern als offenes Labor, mit dem Ziel der Ergründung von Möglichkeiten (und nicht zuerst der Erwirtschaftung von Profit). Für die etablierten Unternehmen ist das eine kulturelle Herausforderung: Konzerne, die rein auf Hierarchie und Kontrolle aufgebaut sind, werden sich schwertun, damit umzugehen. Besser: Sie lernen davon und stellen ihre Kultur neu ein.

Tesla: Mehr Marktkraft durch freie Patente

BEST PRACTICE

Im Jahr 2014 hat Tesla eine Vielzahl seiner Patente rund um Antriebstechnologien für Elektromobilität freigegeben. Ein Sakrileg – in der traditionellen Industrie gelten Patente als der bestgehütete Schatz. Trotzdem, das Prinzip ist klug und von langfristigem strategischem Denken geprägt. Die offenen Patente wirken zuerst wie geschenkt, aber sie sind auch dazu da, Standards in den Branchen und damit wiederum Dominanz auf andere Art zu schaffen. Zu bemerken bleibt allerdings: Der Automobilhersteller eröffnet damit eine offene Plattform für ein ökologisch wertvolles Ziel.

TRENDRESONANZ TESTEN

—

Setzen Sie die Trend-These 3 in die Übung ein und prüfen Sie die Trend-Resonanz Ihres Unternehmens auf diese.

Trend-These:

Sichtbare Veränderungen im Alltag:

Veränderte Bedürfnisse:

Neue Ideen/ Ansätze Ihres Unternehmens:

Trend-These 4: Wirtschaft als Kreislauf

Der Megatrend **Neo-Ökologie** ist seit Jahren virulent. Dabei war bei dem Thema bisher der Gedanke der Ressourcenknappheit vorherrschend. Dadurch hat die Umweltaktivisten stets ein Grundgefühl der Angst und Schuld begleitet: Die Erde reicht nicht für alle, wir müssen verzichten, endlich „vernünftig" werden und „den Gürtel enger schnallen". Diesem Paradigma widerspricht eine neue Gruppe von ökologischen Modernisten, die in Natur und Technik keinen Widerspruch mehr sehen und das Knappheitsparadigma radikal in Frage stellen. Sie drehen das Prinzip um, weg von der Ressourcenschonung, hin zu ihrer idealen Nutzung.

Man muss nicht verzichten, wenn man den Umgang mit Ressourcen komplett neu denkt: Nicht vom Produkt zum Müll, sondern kreislaufförmig von der Ressourcenverwendung in Kontext 1 zur Ressourcenverwendung in Kontext 2 usf.: **Cradle to Cradle** heißt der Trend hin zu einer Kreislauf-Wirtschaft, die sowohl Ressourcensicherung als auch intelligente Verschwendung zulässt. Sie definiert sich nicht über den Besitz und Verbrauch von Produkten, sondern über Nutzung und Leistung. Sie kennt keinen Abfall, sondern begreift alles als Rohstoff.

Jeans per Abo

BEST PRACTICE

In Amsterdam verfolgt Bert van Son mit seinem Start-up Mud Jeans – finanziert aus einer Crowdfunding-Aktion – seit Frühjahr 2013 das Gegenmodell zu billiger Fast Fashion mit Wegwerfmentalität: die Abo-Jeans. Seine Kunden leihen sich über den Onlineshop für ein Jahr eine Hose für einen festen Pfand-Betrag und ein paar Euro Gebühr pro Monat. Der Rohstoff – die Bio-Baumwolle – ist im Besitz des Herstellers, der Kunde kauft lediglich die Nutzung ein. Reparaturen führt der Hersteller bei Bedarf selbstverständlich durch. Nach einem Jahr kann die Jeans entweder zurückgegeben oder komplett gekauft werden. Zurückgegebene Jeans werden in Vintage-Unikate verwandelt. Alternativ werden die Denim-Fäden in anderen Produkten weiterverwendet.

TRENDRESONANZ TESTEN

—

Setzen Sie die Trend-These 4 in die Übung ein und prüfen Sie die Trend-Resonanz Ihres Unternehmens auf diese.

Trend-These:

Sichtbare Veränderungen im Alltag:

Veränderte Bedürfnisse:

Neue Ideen/ Ansätze Ihres Unternehmens:

Trend-These 5: Wir-Kultur: Der Siegeszug des Co-Prinzips

Die Wir-Kultur ist als Trend hervorgegangen aus dem immer noch wirksamen Megatrend **Individualisierung** und dem daraus entstandenen Gegentrend: Die totale Individualisierung mit extremem Hedonismus innerhalb einer globalisierten Wissensgesellschaft plus gestiegener Komplexität bringt eine neue Sehnsucht nach **Gemeinschaft** hervor, ein Bedürfnis nach Bindung und Wieder-Verbindung, um sich als Individualist zu verankern und seine Beziehungen frei zu wählen. Die Sehnsucht nach dem Wir gehört zum Wesen des Menschen – wir alle sind empathisch und kooperativ. Vor allem in den Städten entwickeln sich neue Kooperationskulturen, in denen sich der Trend zur Individualisierung mit der Gemeinschafts-Sehnsucht zu einem **empathischen Individualismus** verbindet. Zwei Buchstaben beschreiben diese Kooperationsformen des neuen Wir: Co.

– **Co-Working:** Gemeinsame Arbeitsbereiche und Areale für Kreative.
– **Co-Gardening**: Urbanes Gärtnern und Kochen als neuer Fokus der Begegnung und Sozialisierung.
– **Co-Housing:** „Neues Zusammenleben" in professionalisierten Kommunen und genossenschaftlichen Siedlungen, auch ein Reload der WG – ohne Altersbegrenzungen.

Menschen pflegen ihre persönliche Wir-Kultur auch in temporären, oft internetbasierten **Interessensgemeinschaften**, in denen es um geistige, kulturelle und politische Aktivitäten geht. So ist etwa das zunehmende soziale Engagement in der Gesellschaft ein „Gemeinschaftswerk der Individualisten", das die Zukunft deutlich prägen wird.

Frisches Geld durch Social Business

BEST PRACTICE

„Social Lending"-Plattformen bieten völlig neue Möglichkeiten für Individuen, über das Peer-to-Peer-Prinzip zu Geld zu kommen. Mit dem Slogan „Better rates. Together" wirbt zum Beispiel die bekannteste amerikanische Crowdlending-Plattform, Lending Club. Diejenigen, die Geld verleihen, erhalten relativ hohe Zinsen bei geteiltem Risiko. Die Kreditnehmer bekommen auch bei schwacher Bonität Geld. Der Lending Club finanziert sich über eine Gebühr für Kreditnehmer und Anlagegebühren für die Kreditgeber. In Deutschland erhält man über auxmoney.com private Kredite.

TRENDRESONANZ TESTEN

—

Setzen Sie die Trend-These 5 in die Übung ein und prüfen Sie die Trend-Resonanz Ihres Unternehmens auf diese.

Trend-These:

Sichtbare Veränderungen im Alltag:

Veränderte Bedürfnisse:

Neue Ideen/ Ansätze Ihres Unternehmens:

Trend-These 6: Achtsamkeit: Fokus und klares Bewusstsein

Eine digital verbundene Gesellschaft und das omnipräsente Internet haben dem Megatrend **Konnektivität** eine unbändige Kraft gegeben: Die Menschen sind dauervernetzt mit der Welt, können gleichzeitig an vielen verschiedenen Orten präsent sein. Der Always-on-Zustand wird aber auch von einer Vielzahl von Menschen als Stress und Zumutung empfunden: Sie suchen Zeiten und Räume, in denen sie nicht nur offline sein können, sondern vor allem „mindful". Das heißt zur Ruhe kommen und sich wieder voll und ganz auf sich konzentrieren zu können. Vor allem die Tourismus- und Gastronomiebranche profitieren von diesem Gegentrend, indem sie analoge Erlebnisse und Offline-Inseln anbieten, die den kurzen Check von (Arbeits-)Mails verhindern. Langfristig geht aus diesen Trendbewegungen aber etwas Drittes hervor: der Trend zur **Achtsamkeit**. Der achtsame Umgang mit der Gleichzeitigkeit, die das Netz bietet, entwickelt sich zu einer erlernbaren Kulturtechnik, die auch im Arbeitskontext immer relevanter wird: Achtsam geführte Mitarbeiter sind auch produktiver. Die Menschen entwickeln ein geschärftes Bewusstsein für die Verlockungen des ständigen Multichannelings und der ständigen Erreichbarkeit. Mit angetrieben durch den Megatrend **Individualisierung**, wird dem Bedürfnis nach Konzentration auf das Hier und Jetzt statt der Gleichzeitigkeit von Analog und Digital mehr Raum gegeben.

Nicht Always-on und deshalb produktiv

BEST PRACTICE

In Deutschland unterstützen einzelne Unternehmen ihre Mitarbeiter bei ihrem Achtsamkeits-Bedürfnis: So hat der Automobilhersteller BMW ein „Recht auf Unerreichbarkeit" definiert, sagt Betriebsratschef Schoch. Die Beschäftigten von BMW sollen mit ihren Vorgesetzten Zeiten vereinbaren, in denen sie grundsätzlich nicht erreichbar sind. In Frankreich ist man mit einem Gesetz zur Nicht-Erreichbarkeit schon einen Schritt weiter: Ab 18 Uhr darf der Arbeitnehmer Handy und Laptop einfach ausschalten. Weiterhin wurde festgelegt, dass Mitarbeiter „Mobilarbeit" in ihre Arbeitszeitkonten eintragen können und dafür an anderen Tagen entsprechend weniger arbeiten.

TRENDRESONANZ TESTEN

—

Setzen Sie die Trend-These 6 in die Übung ein und prüfen Sie die Trend-Resonanz Ihres Unternehmens auf diese.

Trend-These:

Sichtbare Veränderungen im Alltag:

Veränderte Bedürfnisse:

Neue Ideen/ Ansätze Ihres Unternehmens:

Trend-These 7: Healthness: Gesundheit als Statussymbol

Mit nichts kann man so viel Geld verdienen wie mit dem Versprechen von Heilung. Aber immer mehr Menschen empfinden den mechanisierten Prozess der Medizin als Verlust von Vertrauen und Sicherheit. Menschen mit Krankheiten organisieren sich selbst – gegen einen „kalten" Medizinbetrieb, oft mithilfe von Online-Tools und Web-Formaten. Therapien werden individualisiert und narrativ aufgeladen. Es entsteht eine neue „Integrative Care Culture". Sie basiert auf einer Synthese von Alternativ- und Schulmedizin und forciert die neue Achtsamkeits-Gesundheit, die **Healthness**. Psychosomatische Ansätze der Heilung werden immer mehr in die „getaktete Medizin" integriert. Die ganzheitliche Fithaltung und Vorbeugung bekommt einen immer höheren Stellenwert. Auf diese Weise entsteht eine „dynamische Lebensmedizin", in der Ärzte nicht mehr als „Reparateure", sondern als ganzheitliche Lebensberater fungieren. Der Healthness-Trend ist deutlich daran zu erkennen, dass Gesundheit zum alles bestimmenden Thema wird. In der Konsumwelt hält der Megatrend längst nicht mehr nur im Lebensmittelbereich Einzug, sondern in sämtliche Alltagsprodukte bis hin zu Modeartikeln und digitalen Alltagsbegleitern. Gesundheit wird zum Kulturprinzip und neuen Statussymbol. Das macht sie zum Treiber für neues Business in einer Vielzahl von Branchen.

Gesundheit als Lebensstil

BEST PRACTICE

Die britische Sportmarke Sweaty Betty hat sich den Healthness-Trend zunutze gemacht und ihre Sportartikel zu echten Designerstücken entwickelt – hier steht nicht mehr der Sport, sondern der Health Look im Vordergrund. Die Kollektionen entstehen in Zusammenarbeit mit bekannten Designern und sind mittlerweile auch auf der Fashion Week zu sehen. Ganzheitlichkeit in der Medizin bietet der Prototyp eines „innovativen interaktiven Intensivzimmers" im ICU der Charité in Berlin. Ein spezielles Raumkonzept berücksichtigt Raumatmosphäre und Schlafrhythmen und zielt auf eine Aktivierung der Selbstheilungskräfte beim Menschen ab. Das Projekt wurde durchgeführt von GRAFT, Charité Facility Management CFM und ART+COM.

TRENDRESONANZ TESTEN

—

Setzen Sie die Trend-These 7 in die Übung ein und prüfen Sie die Trend-Resonanz Ihres Unternehmens auf diese.

Trend-These:

Sichtbare Veränderungen im Alltag:

Veränderte Bedürfnisse:

Neue Ideen/ Ansätze Ihres Unternehmens:

Trend-These 8: Downaging: Altern neu definiert

Der demografische Wandel verändert die Strukturen der westlichen Gesellschaften fundamental: Die Lebenserwartung steigt beständig, die Menschen werden immer älter. Gleichzeitig sorgt die immer bessere medizinische Prävention von alterstypischen Erkrankungen dafür, dass die dazugewonnenen Lebensjahre gesund verbracht werden: Die Phase, in der die typischen Alterserkrankungen auftreten, betrifft immer noch die letzten sieben bis zehn Lebensjahre, tritt aber erst im späteren Alter auf. Dieser Trend ist eine Evolution im Megatrend Silver Society und bewirkt eine Auflösung der alten Muster vom „Altsein" als Lebensphase nach dem 65. Lebensjahr, die bisher als „kurze Restzeit des Lebens" verstanden wurde.

Downaging ist der gesellschaftliche Trend, der das Altsein neu definiert als eine Phase, in der man sich noch lange gut fühlt. Denn: Wer künftig mehr Lebenszeit vor sich hat als die Vorgängergeneration, ist in jedem Alter und in jeder Lebensphase „jünger" als die Generation zuvor. Es kommt zu einer Verschiebung der Lebensphasen, besonders in der Lebensphase des „Alters", die bald schon ein Drittel der gesamten Lebenszeit ausmachen wird. In diesem Abschnitt des Lebens entsteht eine Vielzahl von neuen Lebensstilen.

Spaß und Sinn verbinden

BEST PRACTICE

„Ruhestand", wenn man gesund ist, läutet eine neue Phase der Aktivität ein. Von Hobbys und Leidenschaften können auch andere profitieren. „Kuchentratsch" heißt ein Start-up in München, das Rentnern eine Küche anbietet, in der sie nach Herzenslust Kuchen backen können, die dann per Lieferservice verkauft werden. Sharing-Plattformen wie myoma.de dienen dazu, die eigene Erfahrung und das Wissen in soziales Engagement umzusetzen, indem dort Strickaufträge gegen kleines Entgelt übernommen werden können. Wer lieber Sport treibt und dabei auch Gutes tun will, kann sich bei kiezkaufhaus.de anmelden, Bestellungen aus verschiedenen Läden zusammentragen und per E-Bike beim Kunden abliefern.

TRENDRESONANZ TESTEN

—

Setzen Sie die Trend-These 8 in die Übung ein und prüfen Sie die Trend-Resonanz Ihres Unternehmens auf diese.

Trend-These:

Sichtbare Veränderungen im Alltag:

Veränderte Bedürfnisse:

Neue Ideen/ Ansätze Ihres Unternehmens:

Trend-These 9: Gender Shift: Mann? Frau? Mensch!

Frauen werden stärker – aber werden Männer schwächer? Die Auflösung der klaren Aufgabenteilung zwischen den Geschlechtern löst einerseits einen klaren Gegentrend aus: Neue Extreme vom „Super-Muskel-Macho" bis zur „Mega-Tussi"/ „Bachelor-Prinzessin" klingen nach einen Revival alter Stereotypen.

Gesamtgesellschaftlich kommt es jedoch zu einer beiderseitigen Diffusion der Geschlechterrollen: Wo sich nicht nur Frauen, sondern auch Männer von Verhaltensklischees befreien, wird es immer freier wählbar, wer etwa die Kinder zuhause betreut und wer arbeiten geht oder wer Rosa und wer Blau trägt.

Hier ist der neue Megatrend **Gender Shift** in vollem Gange, soziale Rollen werden immer unabhängiger vom biologischen Geschlecht und führen zu einer neuen Gender-Vielfalt, in der das Geschlecht immer weniger Einfluss auf die Entscheidungen hat, die ein Individuum trifft. Hier trifft sich Gender Shift mit dem Megatrend **Individualisierung** – Individualität in Anspruch und Bedürfnis schlägt Rollenbild.

Rasieren nach Bedarf – nicht nach Klischee

BEST PRACTICE

In Zukunft werden mehr Produkte gefragt sein, die das alte Mann/Frau-Schema verlassen. Unisex oder „nosex" kommen dadurch gerade bei den Jüngeren gut an. Ein entsprechendes Konzept stammt von der finnischen Designerin Saana Hellsten, die Verpackungen für Kosmetikartikel ohne Gender-Prinzip entwirft. Dabei entstand auch eine neue Art, Rasierer anzubieten. Das Prinzip dahinter: Individualisierung statt eigener Designs für Männer- und Frauenrasierer. Man wählt Klingenarten, Zweck der Rasur und auch die Form des Griffs und setzt sich den Rasierer dann zusammen. Das Konzept spricht den Kunden als Individuum nach seinen Bedürfnissen an – und nicht als Frau oder Mann.

TRENDRESONANZ TESTEN

—

Setzen Sie die Trend-These 9 in die Übung ein und prüfen Sie die Trend-Resonanz Ihres Unternehmens auf diese.

Trend-These:

Sichtbare Veränderungen im Alltag:

Veränderte Bedürfnisse:

Neue Ideen/ Ansätze Ihres Unternehmens:

Trend-These 10: Offen für die Welt – mit regionalen Wurzeln

Der Megatrend **Globalisierung** erzeugt Identitätskonflikte – das gilt sowohl auf kultureller wie auf wirtschaftlicher Ebene: Der zugehörige Retro-Trend ist die Sehnsucht der Menschen nach Heimat und Lokalität, nach Überschaubarkeit, Zuordnung und Besonderheit. Die Frage nach den eigenen Werten, der Kultur, wird wichtiger. Die ständig zunehmende „konnektive Geschwindigkeit" – also die Verbundenheit von immer mehr Ländern, Wirtschaftsräumen, Individuen, Kulturen in medialer Echtzeit – erzeugt einen lokalen Gegenreflex. Wir können diese Tendenzen auf allen Trend-Ebenen wahrnehmen: im Dirndl- und Trachten-Trend, im Trend zu Bio-Regional-Lebensmitteln, in der Skepsis gegenüber dem „Kapitalismus".

Doch in komplexen Kulturen ist der **Glokalismus** die Weiterentwicklung des Megatrends, die tatsächlich gelebt wird: eine Synthese von global und lokal, eine Heimatliebe, die aber auch kosmopolitisch sein kann. Das heißt: Erkennen und Nutzen der Vorteile der globalisierten Welt – beim Reisen, Kaufen und Konsumieren – bei gleichzeitigem Bewusstsein für die regionale Kultur.

Globale Kaffeekultur – regional übersetzt

BEST PRACTICE

Die global agierende Kaffeehauskette Starbucks bemüht sich zunehmend um regionale und lokale Bezüge. Weltweit versuchen daher 18 Inhouse-Design-Studios, Lokalkolorit, aber auch die regional unterschiedlichen Bedürfnisse der Gäste in der Gestaltung der Cafés umzusetzen. In Kolumbien etwa haben die Stühle Haken für Damenhandtaschen. Im Store in New Orleans greifen Trompeten, die als Lampen dienen, die Jazztradition der Stadt auf. Im Store im Lan Vien Hotel in Hanoi finden sich Werke lokaler Künstler. Materialien und Einrichtungsgegenstände wurden von Straßenhändlern in der vietnamesischen Stadt eingekauft, um Authentizität zu garantieren.

TRENDRESONANZ TESTEN

—

Setzen Sie die Trend-These 10 in die Übung ein und prüfen Sie die Trend-Resonanz Ihres Unternehmens auf diese.

Trend-These:

Sichtbare Veränderungen im Alltag:

Veränderte Bedürfnisse:

Neue Ideen/ Ansätze Ihres Unternehmens:

QUINTESSENZ

Die entscheidenden Schritte zum richtigen Umgang mit Trends:

→ Signal und Lärm unterscheiden – Trends und Hypes differenzieren

→ Trendbegriffe sind Signale – eine ständige Revision ist nötig

→ Megatrends sind die großen Konstanten. Sie sind nicht statisch, sondern ständig in einer inneren Bewegung. Diese Evolutionen integrieren auch Gegentrends, so entwickeln sie sich ständig weiter.

→ Bilden Sie selbst Thesen aus der Sicht Ihrer Branche/Organisation und testen Sie ihren Trend-Impact.

Ihre Gedanken:

Ihre Gedanken:

Die drei wichtigsten Erkenntnisse:

- → Jeder Trend kann irgendwann relevant für Sie werden – stellen Sie Ihr Unternehmen immer wieder auf die Probe und nutzen Sie die Übungen mehrmals.
- → Trends verändern sich beständig – behalten Sie diese Veränderungen im Auge.
- → Bevor Sie nach einer Trendanalyse eine Entscheidung treffen, braucht es immer eine genaue Prüfung: **Richtet sich Ihr Weg auf echte Bedürfnisse der Menschen oder folgen Sie nur einem Hype?**

05

NEU ENTSCHEIDEN

—

Ihre Tools

DIE ABSOLUTE QUINTESSENZ

Das erfahren Sie hier:

- → Noch einmal verdichtet – Die zentralen Learnings
- → Die richtigen Schritte zur Arbeit mit den Trend-Tools
- → Damit: Neue Wege zu Entscheidungen

In diesem Kapitel haben wir die zentralen Erkenntnisschritte und Tools nochmals in aller Kürze und Prägnanz für Sie zusammengefasst.

Denken Sie immer daran, dass die Arbeit mit Trends niemals abgeschlossen ist. Sie ist ein ständiger Prozess. Die Eckpunkte:

- → Annahmen verdichten
- → Annahmen hinterfragen
- → Neue Annahmen bilden
- → Analysieren, Verorten, Selektieren
- → Entscheidungen fundieren

Erst dann ist der Zeitpunkt zu handeln. Dieses Vorgehen macht den entscheidenden Unterschied. Um wieder den Erfinder des modernen Managements, Peter Drucker, zu zitieren: Sie machen nicht nur Dinge richtig, vor allem aber machen Sie auch die richtigen Dinge. Navigieren mit Trends heißt nicht im Entweder/Oder-Schema, sondern in der Sowohl-als-auch-Kultur zu denken. Auf dem Weg durch labile Strömungen geht es um ein ständiges Wechselspiel:

Enger und weiter – immer wieder.

Fokus: Jede Entscheidung soll den Möglichkeitsraum noch ein Stück mehr verdichten. So bleiben Sie handlungsfähig und fokussiert.

Öffnung: Vor jeder weiteren neuen Entscheidung wieder den Blick weiten. So bleibt der Möglichkeitsraum offen für die bestmögliche Antwort. Auf den folgenden Seiten haben wir die zentralen Schritte und Tools noch einmal für Sie zusammengefasst. Durchlaufen Sie die folgenden Schritte im Alltag immer wieder, wenn Sie einen oder mehrere der folgenden Aspekte angehen wollen:

- → Orientierung finden
- → Übersicht erlangen
- → Wichtige Entscheidungen absichern
- → Neue Wege sehen, die Perspektive wechseln und erweitern
- → Zukunftssorgen und -perspektiven überprüfen
- → **Entscheidend:** Frei denken und offen wahrnehmen – halten Sie Ihren Future Mindset fit

„Man kann nicht in die Zukunft schauen, aber man kann den Grund für etwas Zukünftiges legen. Zukunft kann man bauen.“

Antoine de Saint-Exupéry,
französischer Schriftsteller

„Es gibt auch Menschen, die legen sich an den Strand und warten dort, dass die Inspiration zu ihnen kommt. Nur kommt die Inspiration nicht einfach an den Strand."

Karl Lagerfeld,
Modedesigner

Die Steps und Tools

—

für Ihre neuen Entscheidungen

Step 1

Bevor Sie zu Lösungen und Handlungen für unternehmerische Herausforderungen kommen, brauchen Sie eine valide Grundlage, diese liegt in den richtigen Fragen. Richten Sie diese zunächst auf Ihre Einstellungen, Meinungen und Glaubenssätze (s. Kapitel 2).

Etablieren Sie diese Fragen-Kultur, anstatt auf direktem Weg nach Antworten zu suchen.

Ganz zentral ist dabei die Frage des „Warum", also der Ur-Motivation, warum Sie als Unternehmen etwas tun, wie Sie es tun. Es geht sozusagen um den Antrieb der Maschine. Nutzen Sie zur Beantwortung dieser Frage das Tool des Golden Circle (s. S.83).

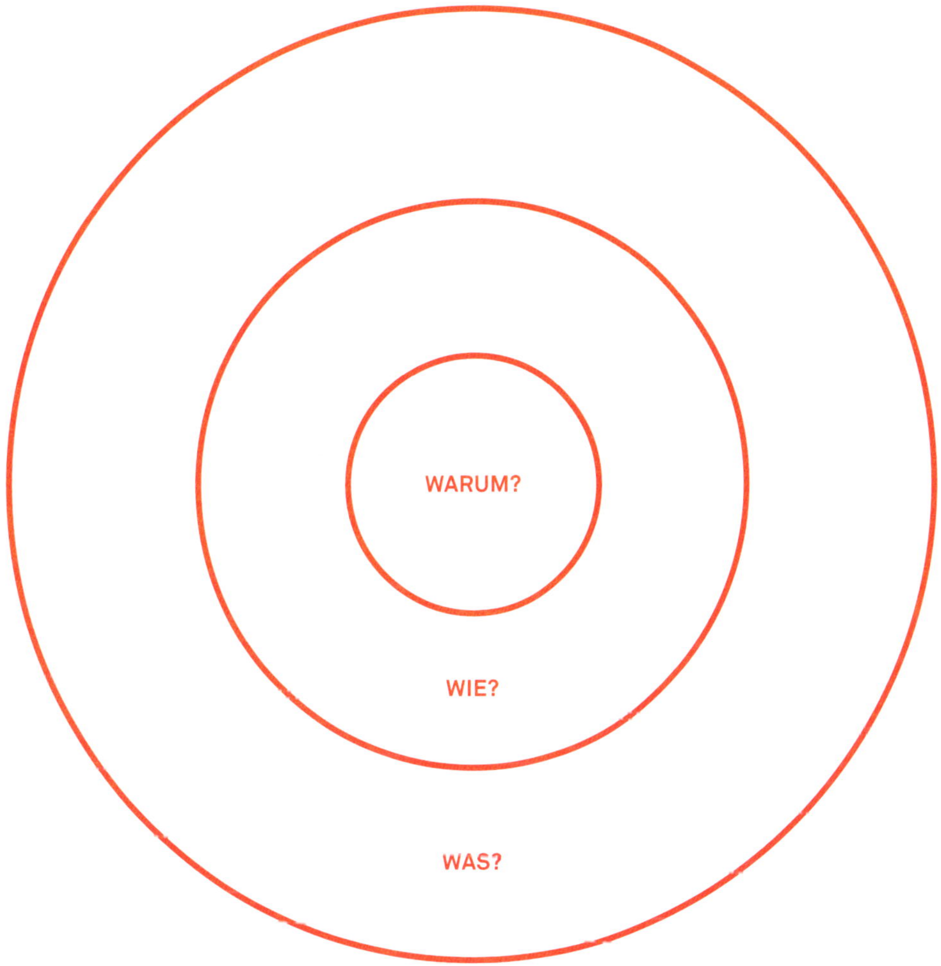
WARUM?
WIE?
WAS?

Step 2

Nachdem Sie die „Warum"-Frage beantwortet und den inneren Antrieb der Maschine geklärt haben, geht es, bildlich gesprochen, um eine Verortung und Offenlegung der Architektur Ihrer „Unternehmensmaschine".

Hierzu nutzen Sie die Kontextanalyse. Sie bietet die optimale Grundlage, um eine Positionsbestimmung des Unternehmens im Zukunftsraum durchzuführen (s. S.93). Denn die Form umfasst den gesamten Raum, in dem sich das Unternehmen bewegt bzw. bewegen muss. Sie macht Schwerpunkte und auch Schwachpunkte bzw. blinde Flecken sichtbar. Druckpunkte für strategische Positionierung werden sichtbar.

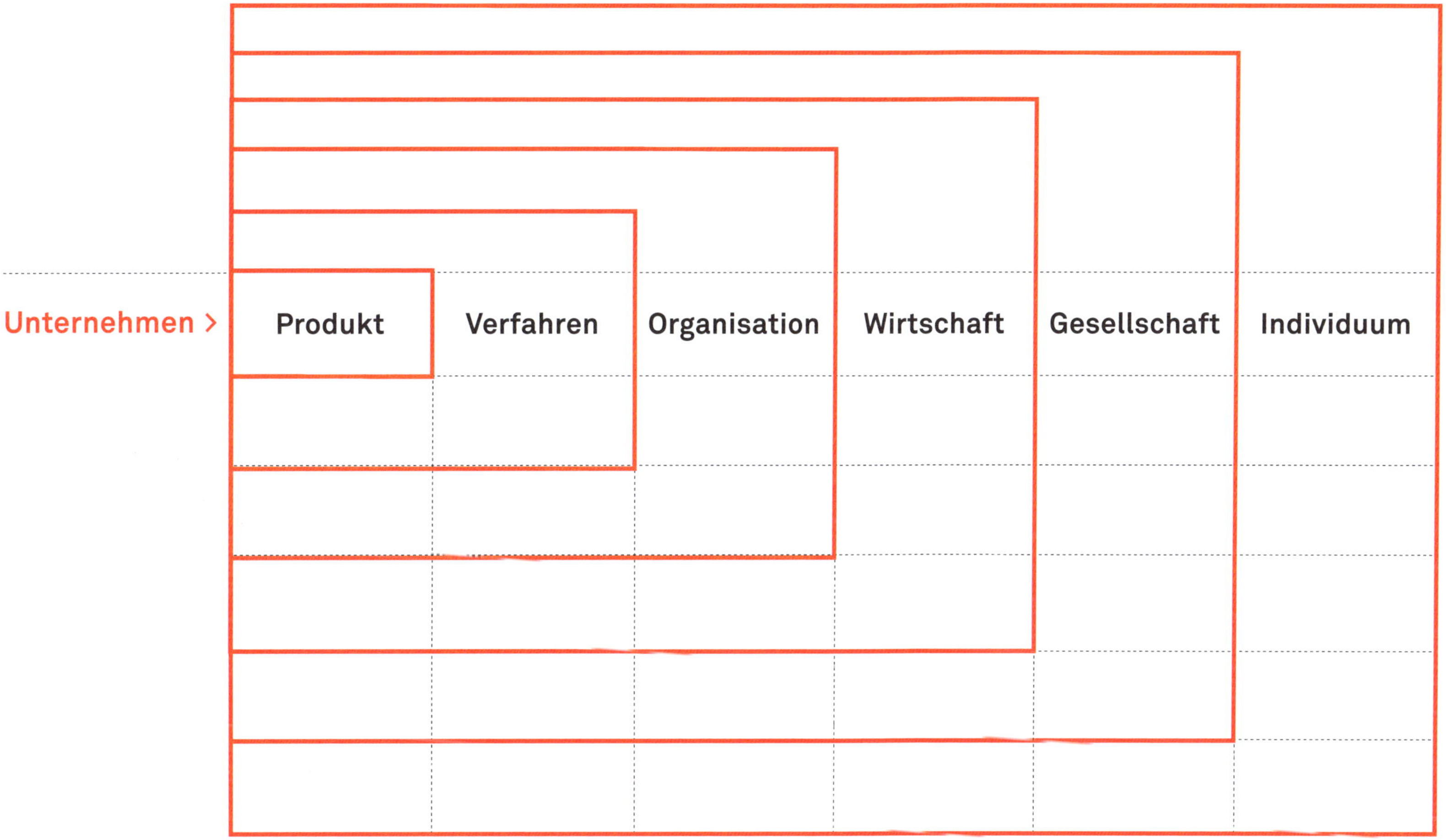
Unternehmen >
Produkt
Verfahren
Organisation
Wirtschaft
Gesellschaft
Individuum

Step 3

Nachdem Sie die einzelnen Ebenen Ihrer „Unternehmensmaschine" mithilfe der Form of the Firm offengelegt haben, geht es in einem dritten Schritt um das Erkennen und Nutzen neuer „Energiequellen" für Ihre „Unternehmensmaschine".

Hierzu beziehen Sie in strategischen Überlegungen immer wieder Trends von der **Megatrend-Map** und die vertiefenden **Thesen** (s. S.118: **10 Hot Spots der Zukunft**) in Ihre Überlegungen mit ein. Auf diesem methodischen Wege wird Ihnen eine erweiternde Tiefenbetrachtung von Trends im Kontext Ihres Unternehmens ermöglicht. Durch die Betrachtung der Thesen lassen sich zudem noch zusätzliche Anknüpfungspunkte für Ihre Form of the Firm finden. Sie können natürlich mit ihrem neu gewonnenen Wissen weitere, **eigene Thesen** entwickeln.

Megatrends
+ Kontext
+ Thesen

= Fundament für neue Entscheidungen

Weiterdenken. Reflektieren. Neu entscheiden.

Nun sind Sie am Schluss des Buchs angekommen. Wir hoffen, Sie hatten eine erkenntnisreiche Reise mit vielen neuen Eindrücken und inspirierenden Einsichten.

Am Ende zu sein ist grundsätzlich der beste Zeitpunkt, um neu anzufangen! Blättern Sie auf S. 16 zu Ihren ursprünglichen Zukunftsannahmen. Wie hat sich Ihr Zukunftsbild nach der Lektüre verändert? Wie hat das Buch Ihr Wissen über Trends verändert? Was hat Sie inspiriert?

Das hat mein Zukunftsbild verändert:

Das hat mein Wissen erweitert:

Das hat mich inspiriert:

—

Denken Sie in Zukunft daran, sich dieses Buch immer wieder zur Hand zu nehmen, um einen geschützten „Denk-Raum“ für unternehmerische Entscheidungen zu betreten.

Sie können Ihr eigenes leitendes Motiv für das Navigieren mit Trends entwickeln – als Denk-Kompass für das Navigieren durch Komplexität und Veränderungen.

Generell gilt:

Öffnung > Orientierung > Richtung

Ihr Denk-Kompass für Ihr Navigieren

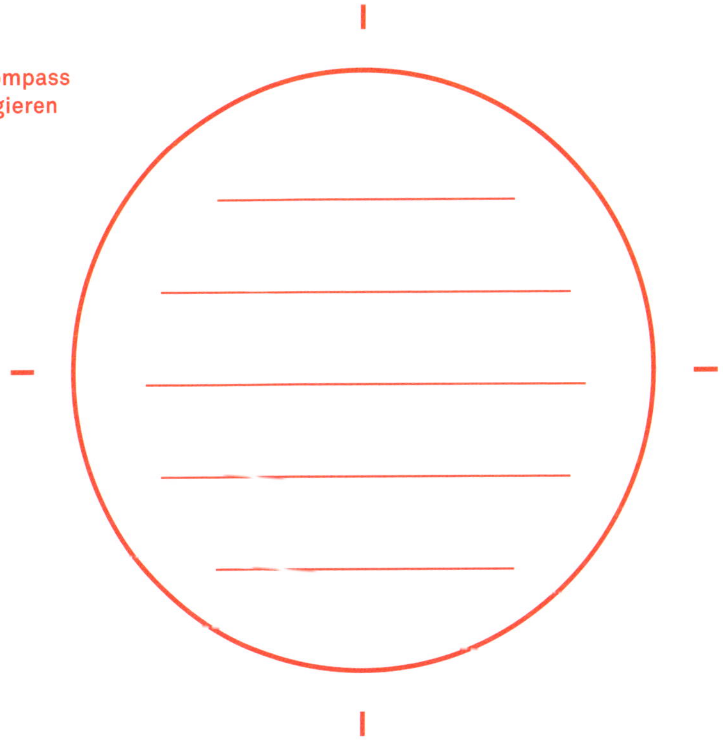

Ihr Buch auf einen Blick

—

Zum Abschluss – oder auch zum (wieder) Anfangen – Die entscheidenden Steps für das Navigieren mit Trends.

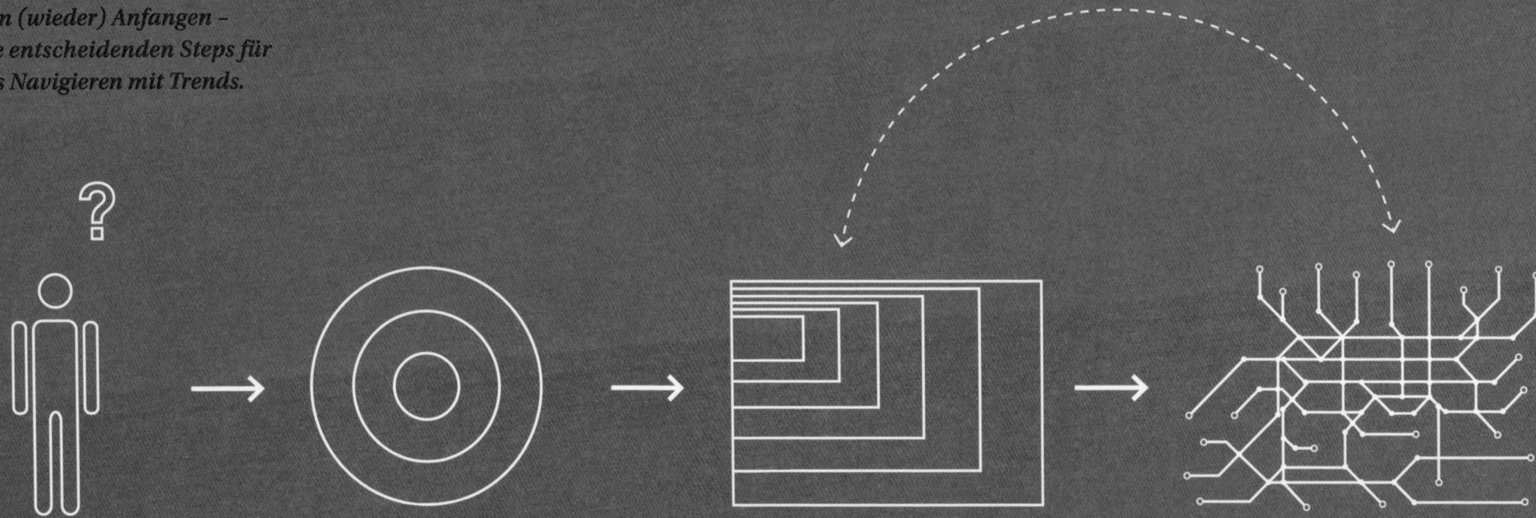

Modell: Golden Circle

Modell: Form of the Firm

Modell: Megatrend Map

Ihre Toolbox

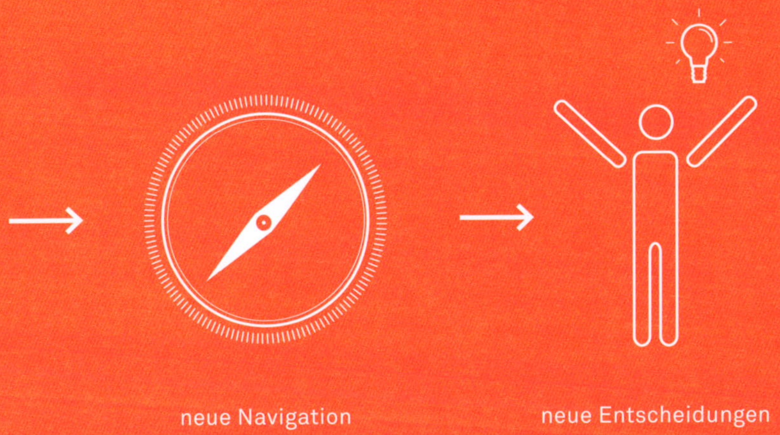

Können wir Sie weiter unterstützen?

Das Workbook ist eine dichte und umfassende Sammlung von Methoden und Modellen, die wir im Zukunftsinstitut auch selbst anwenden. Daher wissen wir aber auch, dass der Teufel oft genug im Detail steckt.

Wenn Sie bei Ihrer Arbeit mit einem der hier aufgeführten Modelle oder zu einem konkreten Projekt in den Dialog treten wollen, kontaktieren Sie uns:

Zukunftsinstitut GmbH
Internationale Gesellschaft für
Zukunfts- und Trendberatung

Kaiserstraße 53, 60329 Frankfurt am Main
T +49 (0)69 26 48 48 9-0
navigieren@zukunftsinstitut.de
www.zukunftsinstitut.de

Rudolfsplatz 12, 1010 Wien
T +43 1 9434 030
navigieren@zukunftsinstitut.at
www.zukunftsinstitut.at

zukunftsInstitut

Unser Download-Service:

Die wichtigsten Tools des Buchs für Präsentationen, Workshops, Meetings und Arbeitssessions finden Sie unter:

www.zukunftsinstitut.de/navigieren